KB115153

프로에게 사진으로 쉽게 배우는

aight Pants.. Tailored Pants.. Wide Pants..   Bell-bottom Pants.. Jeans.. Culotte..   Jamaica Pants.. Hipbone Slim Pants..

Pants 팬츠 만들기

임병렬 · 정혜민 공저

전원문화사

● 머리말 ●

    오늘날 패션 산업은 우리 인간들의 생활 전체를 대상으로 커다란 변화를 가져오게 되었다. 특히 의류에 관한 직업에 종사하고 있거나 학습을 하고 있는 학생들에게 있어서 의복제작에 관한 전문적인 지식과 기술을 습득하는 것은 매우 중요한 일이다.

    본서는 '이제창작디자인연구소'가 졸업 후 산업현장에서 바로 적응할 수 있도록 의복제작에 관한 교재 개발을 목적으로 패션업계에서 50여 년간 종사해 오신 임병렬 선생님의 지도 아래 실제 패션 산업현장에서 제작하는 방법을 컬러 사진으로 보면서 초보자도 쉽게 따라 할 수 있도록 구성한 6권의 책자(스커트 만들기, 팬츠 만들기, 블라우스 만들기, 원피스 만들기, 재킷 만들기와 제도법) 중 팬츠 부분을 소개한 것이다.

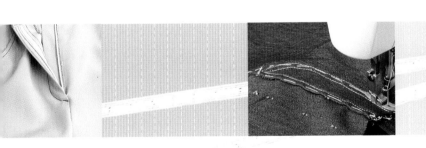

    또한 본서의 내용은 www.jaebong.com 또는 www.jaebong.co.kr에서 동영상으로 볼 수 있도록 되어 있다.

    제도에서 봉제까지 옷이 만들어지는 과정에 있어서 기본적인 지식이나 기술을 습득하고, 자기 능력 개발에 도움이 되었으면 하는 바람에서 출간에 착수하였다.

    끝으로 출판에 협조해 주신 전원문화사의 김철영 사장님을 비롯하여 이희정 실장님, 김미경 실장님, 최윤정씨, 봉제에 도움을 주신 장남례씨에게 감사의 뜻을 표합니다. 또한 동영상 제작에 도움을 주신 영남대학교 한성수 교수님을 비롯하여 섬유의류정보센터의 권오현, 우일훈, 배한조 연구원님께 깊은 감사의 뜻을 표합니다.

정 혜 민

봉제를 시작하기 전에…

본서에서는 잘 보이게 하기 위하여 실의 색을 겉감 원단의 색과 다른 색을 사용하였으나 실제 봉제를 하시는 분은 겉감 원단색과 동일한 색을 사용하시기 바랍니다. 또한 봉제방법에는 여러 가지 방법이 있어 가능한 한 여러 가지 방법으로 설명하고 있으므로 각자 쉽게 할 수 있는 방법으로 습득하시기 바랍니다.

raight Pants.. Tailored Pants.. Wide Pants..　　Bell-bottom Pants.. Jeans.. Culotte..　　Jamaica Pants.. Hipbone Slim Pants..

C.O.N.T.E.N.T.S

... Pants

Straight Pants...

Tailored Pants...

Bell-bottom Pants...

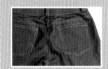
Jeans...

Jamaica Pants...

Culotte...

Hipbone Slim Pants...

Wide Pants...

기본 팬츠   Straight Pants...

■■■ P.A.N.T.S   01

스타일 ●●● 팬츠의 기본형으로 히프 선에서 밑단까지가 직선에 가깝게 보이는 실루엣이다. 허리선에서 히프 선까지는 몸에 딱 맞게 피트시키고, 대퇴부에서 무릎 사이에 여유가 있어 편안하면서도 체형을 아름답게 커버해 주기 때문에 누구에게나 잘 어울리는 스타일이다.

소 재 ●●● 촘촘하게 짜여진 천으로 잘 구겨지지 않고 적당한 탄력이 있으며, 밑으로 처지는 성질의 것이 적합하다. 울 소재라면 플라노, 울 개버딘, 색서니, 서지, 베네샹 등이 좋으며, 면 소재로는 데님, 면 개버딘, 코듀로이 등이 좋다. 화섬의 경우는 폴리에스테르나 텐셀 등이 직합하다.

색 ●●● 검정, 감색, 회색, 갈색 등의 기본색인 무지가 코디하기 좋으나, 체크나 스트라이프 무늬도 품위가 있어 보이며 매니시한 느낌으로 착용할 수 있다.

포인트 ●●● 밑위 선이 늘어나지 않게 박는 것과 시접을 뒤 중심의 직선 부분까지만 가르고 가랑이 밑 시접을 가르지 않는 것이 중요하다.

3.5 | 3 | W/4 | W/4
앞 중심   옆선   뒤 중심

☆+1.5   W/4   0.3   1

7   5

H/4

뒤

앞판

앞판

1.5   0.6

0.6

0.8   H/16

1.5

1.2   1.2

1.2   1.2

1.2

0.6

W/4   0.3   1

15   7   5

2.5

H/4+1.5

H/12   주머니 천   0.5

1

2   H/16

H/4

앞

무릎 둘레/2

↑3

바지단 폭-1.2

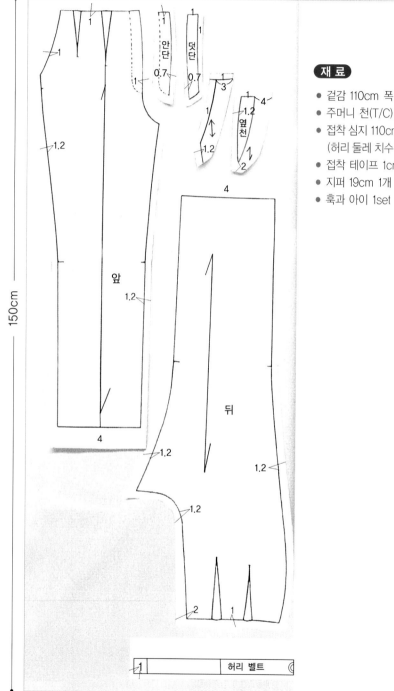

재 료

- 겉감 110cm 폭 150cm
- 주머니 천(T/C) 110cm 폭 30cm 정도
- 접착 심지 110cm 폭 75cm 정도
  (허리 둘레 치수+3cm)
- 접착 테이프 1cm 폭 40cm 정도
- 지퍼 19cm 1개
- 훅과 아이 1set

봉제법 ●●●

1. 표시를 한다.

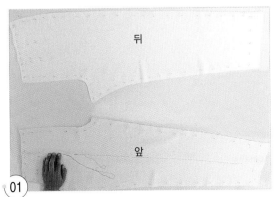

뒤

앞

01 앞뒤 판의 완성선에 실표뜨기를 하고, 앞판의 주름산 선에 시침질을 한다.

앞 오른쪽(표면)

앞 왼쪽(표면)

02 앞 오른쪽과 왼쪽을 시침질한 곳에서 접어 다리미로 주름을 먼저 잡는다.

2. 접착 테이프와 접착 심지를 붙인다.

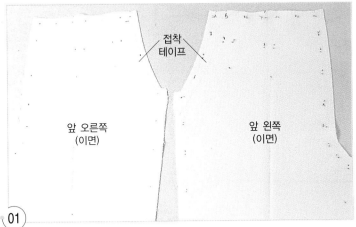

접착 테이프

앞 오른쪽 (이면)

앞 왼쪽 (이면)

01 앞판의 좌우 주머니 입구에 1cm 폭의 접착 테이프를 완성선에서 몸판 쪽에 붙인다.

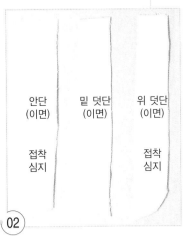

안단 (이면)

밑 덧단 (이면)

위 덧단 (이면)

접착 심지

접착 심지

02 지퍼 다는 곳의 안단과 위 덧단에 접착 심지를 붙인다.

3. 허리 벨트에 벤놀 심지를 붙이고 표시한다.

01 허리 벨트 천을 수축 방지를 겸해 스팀 다림질로 구김을 편다.

02 겉 허리 벨트 쪽에 3cm(유행에 따라 벨트 폭의 치수는 달라질 수 있다) 폭의 벤놀 심지를 붙인다.

03 앞 중심, 옆선, 뒤 중심에 표시를 한다.

04 겉 허리 벨트 쪽의 시접 1cm를 심지 끝에서 접는다.

05 안 허리 벨트를 심지 쪽에서 접어 다림질한다.

06 안 허리 벨트의 시접을 1cm 남기고 잘라낸다.

07 겉 허리 벨트의 표시를 맞추어 안 허리 벨트에도 표시를 하여 위치가 틀어지지 않도록 한다.

4. 부속품을 준비한다.

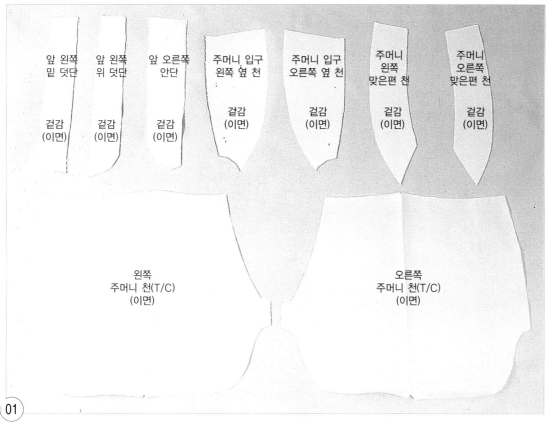

앞 왼쪽 밑 덧단 / 앞 왼쪽 위 덧단 / 앞 오른쪽 안단 / 주머니 입구 왼쪽 옆 천 / 주머니 입구 오른쪽 옆 천 / 주머니 왼쪽 맞은편 천 / 주머니 오른쪽 맞은편 천

겉감(이면)

왼쪽 주머니 천(T/C)(이면)

오른쪽 주머니 천(T/C)(이면)

01 앞 지퍼 다는 곳의 안단과 덧단, 좌우 주머니 입구 옆 천, 좌우 주머니 입구 맞은편 천, T/C 천의 좌우 주머니 천의 부속품을 준비한다.

5. 오버록 재봉을 한다.

앞 왼쪽
위 덧단

(이면)

01 앞 왼쪽 지퍼 다는 곳의 덧단
을 겉끼리 마주 대어 재봉한다.

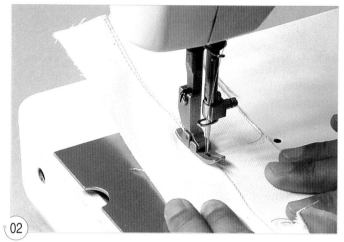

02 시접을 밑 덧단 쪽으로 넘기고 겉쪽에서 상침재봉을 한다.

03 겉으로 뒤집어서 오버록
재봉을 한다.

04 앞 오른쪽 지퍼 다는 곳
의 안단에 오버록 재봉
을 한다.

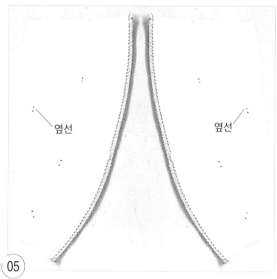

옆선   옆선

05 주머니 입구 옆 천의 옆선 반대쪽에 오버록 재봉을 한다.

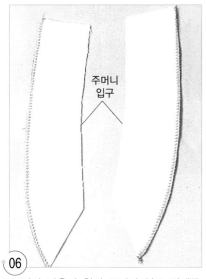

주머니
입구

06
주머니 맞은편 천의 주머니 입구 반대쪽
에 오버록 재봉을 한다.

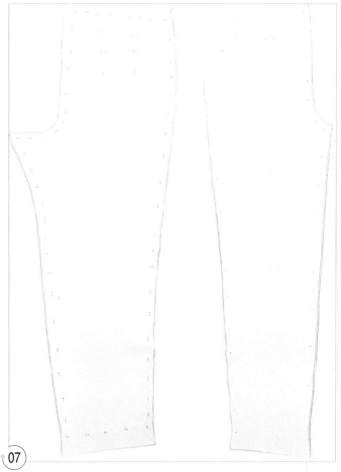

07
앞뒤 바지의 옆선과 밑아래 선, 밑위 선에 오버록 재봉을 한다.

6. 주머니를 만들어 단다.

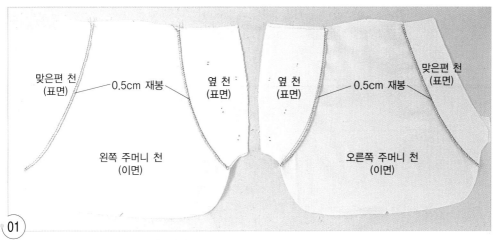

맞은편 천
(표면)　　0.5cm 재봉　　옆 천
(표면)　　옆 천
(표면)　　0.5cm 재봉　　맞은편 천
(표면)

왼쪽 주머니 천
(이면)　　오른쪽 주머니 천
(이면)

01
주머니 천에 옆 천과 맞은편 천을 단다.

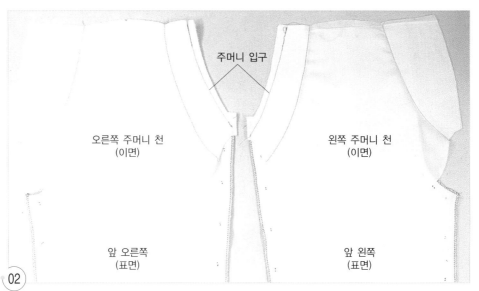

주머니 입구

오른쪽 주머니 천
(이면)

왼쪽 주머니 천
(이면)

앞 오른쪽
(표면)

앞 왼쪽
(표면)

02 앞 바지 표면에 01에서 만든 주머니 천을 얹어 표시를 맞추고 주머니 입구의 완성선을 박는다.

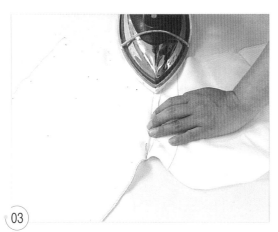

03 주머니 입구의 시접을 가른다.

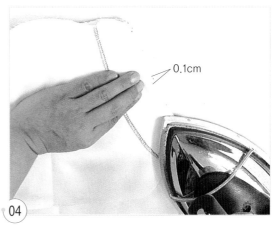

0.1cm

04 맞은편 천을 0.1cm 안쪽으로 차이나게 밀어 다림질한다.

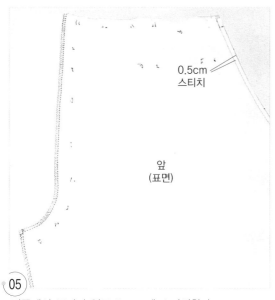

05

겉쪽에서 주머니 입구 0.5cm에 스티치한다.

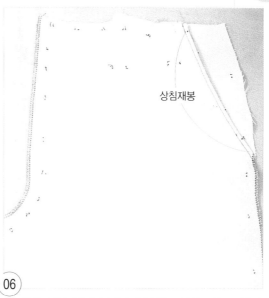

06

옆 천을 접어 넘겨 주머니 입구의 표시를 맞추고 주머니 입구의 위아래 시접 쪽에 상침재봉을 하여 주머니를 고정시킨다.

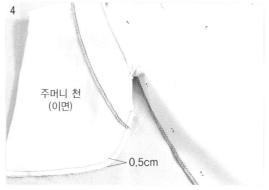

07

주머니를 빼내어 주머니 밑쪽의 0.5cm에 재봉한다.

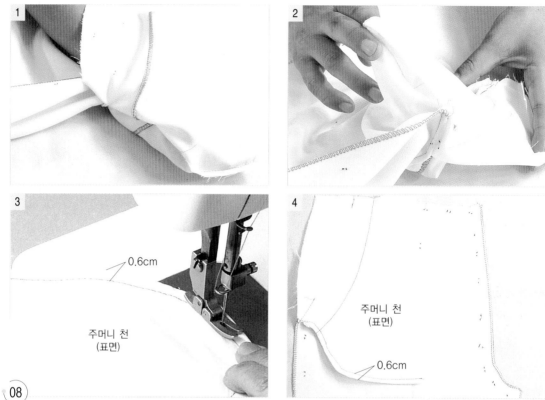

0.6cm

주머니 천
(표면)

주머니 천
(표면)

0.6cm

08 주머니를 겉으로 빼내어 주머니 밑쪽의 0.6cm에 재봉한다.

7. 다트를 박는다.

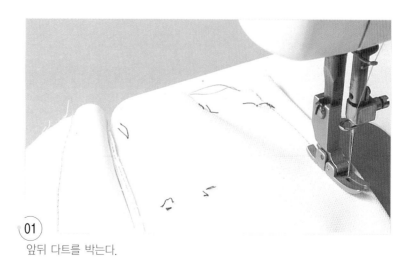

01 앞뒤 다트를 박는다.

앞
(이면)

뒤
(이면)

02 앞뒤 다트를 각각 중심 쪽으로 넘긴다.

8. 옆선을 박는다.

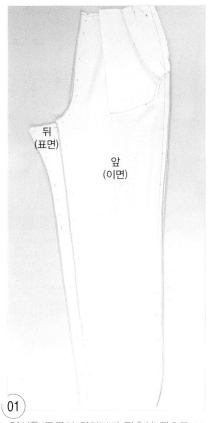

뒤
(표면)

앞
(이면)

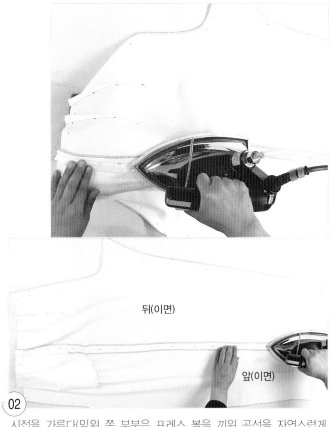

뒤(이면)

앞(이면)

01 옆선을 무릎선 위치부터 맞추어 핀으로 고
정시키고 박는다.

02 시접을 가른다(밑위 쪽 부분은 프레스 볼을 끼워 곡선을 자연스럽게
갈라 준다).

9. 앞 지퍼 다는 곳에 안단을 단다.

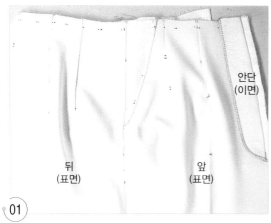

안단
(이면)

뒤
(표면)

앞
(표면)

01 오른쪽 앞 중심에 안단을 겉끼리 마주 대어 맞추고 완
성선에서 0.1cm 시접 쪽을 박는다.

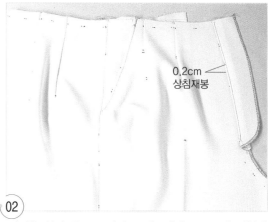

0.2cm
상침재봉

02 시접을 안단 쪽으로 넘기고 겉쪽에서 0.2cm에 상침재
봉을 한다.

10. 밑아래 선을 박는다.

완성선에
재봉

01 밑아래 선을 무릎선의 표시부터
맞추어 핀으로 고정시키고 박는다.

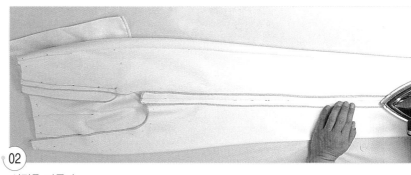

02 시접을 가른다.

11. 밑위 선을 박는다.

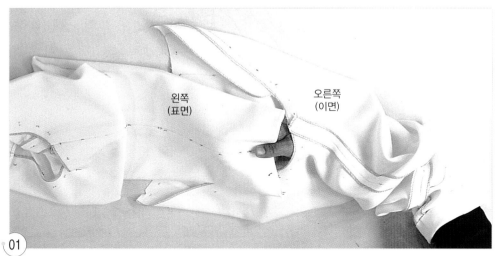

01

왼쪽 바짓가랑이를 겉으로 뒤집어 뒤집지 않은 오른쪽의 바짓가랑이 사이로 끄집어낸다.

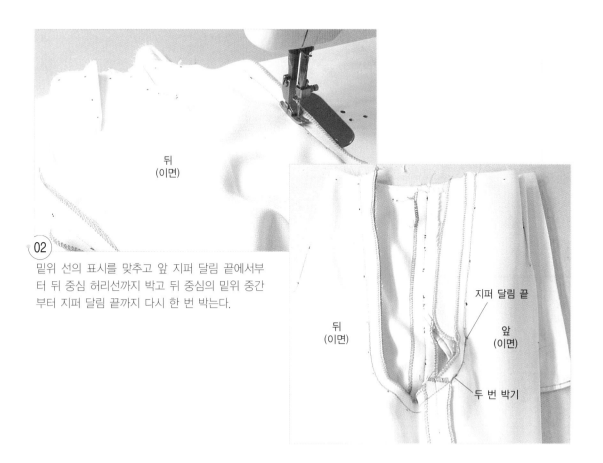

02

밑위 선의 표시를 맞추고 앞 지퍼 달림 끝에서부터 뒤 중심 허리선까지 박고 뒤 중심의 밑위 중간부터 지퍼 달림 끝까지 다시 한 번 박는다.

03 뒤 중심 밑위 선의 시접을 직선 부분까지만 가른다.

12. 지퍼를 단다.

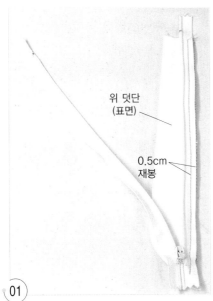

위 덧단
(표면)

0.5cm
재봉

01 위 덧단에 지퍼의 이면을 마주 대어 얹고 지퍼 테이프 끝에서 0.5cm에 재봉한다.

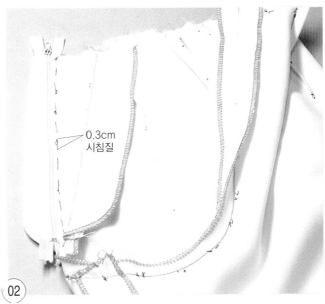

0.3cm
시침질

02 앞 왼쪽의 지퍼 다는 곳의 시접을 완선성에서 0.3cm 내어서 접고 01에서 만든 덧단 위에 얹어서 시침질로 고정시킨다.

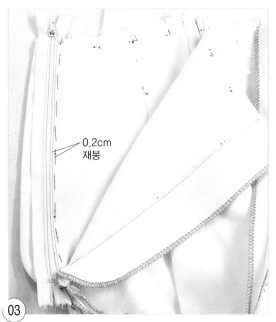

03 시침질한 곳에서 0.2cm 지퍼 쪽을 박는다.

(이미지 내 라벨: 0.2cm 재봉)

04 프레스 볼에 끼워 앞 오른쪽 지퍼 다는 곳을 완성선에 맞추어서 시침질로 고정시킨다.

(이미지 내 라벨: 시침질)

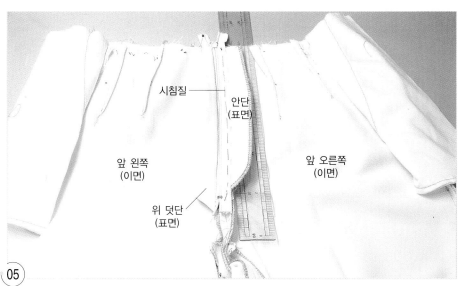

05 두꺼운 종이나 방안자를 안단 밑에 끼우고 안단에만 걸리게 지퍼를 시침질하여 고정시킨다.

(이미지 내 라벨: 시침질, 안단(표면), 앞 왼쪽(이면), 앞 오른쪽(이면), 위 덧단(표면))

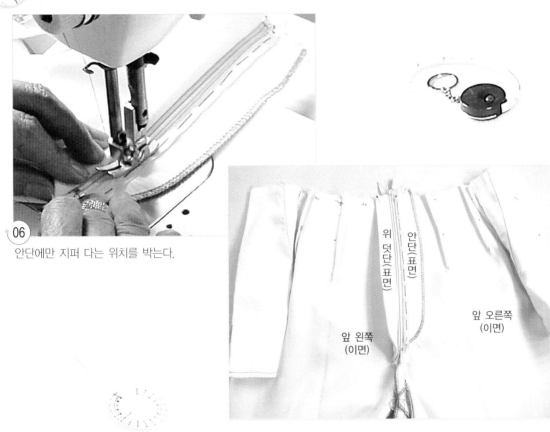

06 안단에만 지퍼 다는 위치를 박는다.

위 덧단(표면)

안단(표면)

앞 왼쪽
(이면)

앞 오른쪽
(이면)

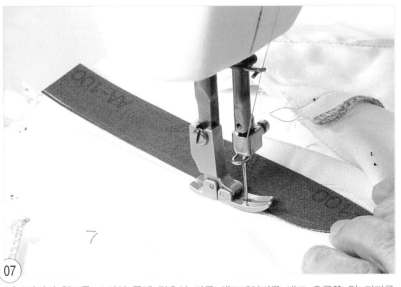

07 미끄러지지 않도록 스티치 폭에 맞추어 자른 샌드페이퍼를 대고 오른쪽 앞 지퍼를
단 안단이 고정되도록 겉쪽에서 스티치한다.

13. 허리 벨트를 단다.

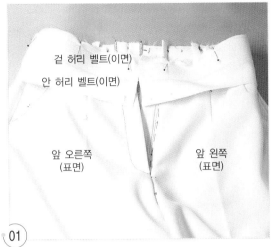

겉 허리 벨트(이면)

안 허리 벨트(이면)

앞 오른쪽
(표면)

앞 왼쪽
(표면)

01 몸판과 겉 허리 벨트를 겉끼리 마주 대어 표시끼리 맞추어 핀으로 고정시킨다.

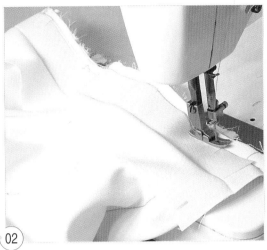

02 허리 벨트의 완성선에서 심지 두께분 만큼 시접 쪽을 박는다.

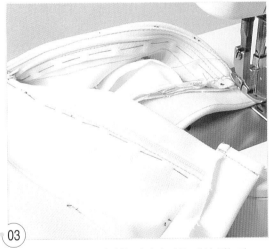

03 좌우 허리 벨트 끝 양옆을 겉끼리 마주 대어 박는다.

04 허리 벨트를 겉으로 뒤집어 표시를 맞추어 핀으로 고정 시키고, 시침질하여 틀어지지 않도록 한다.

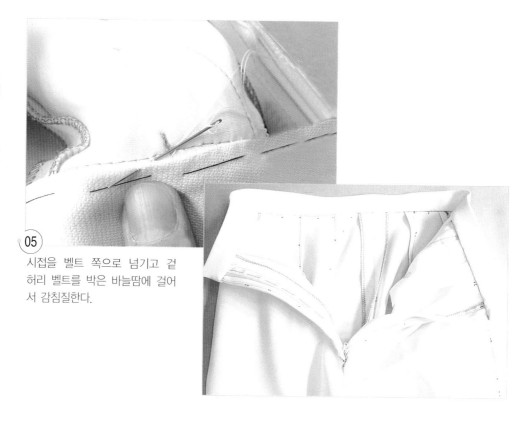

05
시접을 벨트 쪽으로 넘기고 겉
허리 벨트를 박은 바늘땀에 걸어
서 감침질한다.

14. 훅과 아이를 단다.

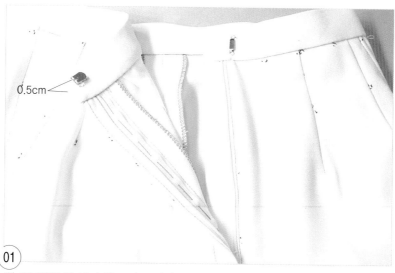

0.5cm

01
앞 오른쪽의 안 허리 벨트 단 끝에서 0.5cm 안으로 들여 심지까지 떠서 훅을 달고,
지퍼를 올려 앞 왼쪽 아이 다는 위치를 표시한 다음 0.3cm 옆선 쪽으로 이동한 위치
에 아이를 단다.

15. 단 처리를 한다.

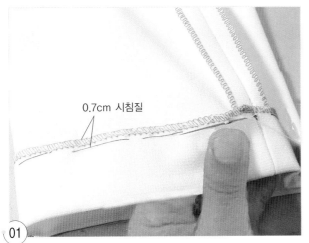

0.7cm 시침질

01
단을 올려 0.7cm에 시침질로 고정시키고 새발뜨기를 한다.

16. 마무리 다림질을 하여 완성한다.

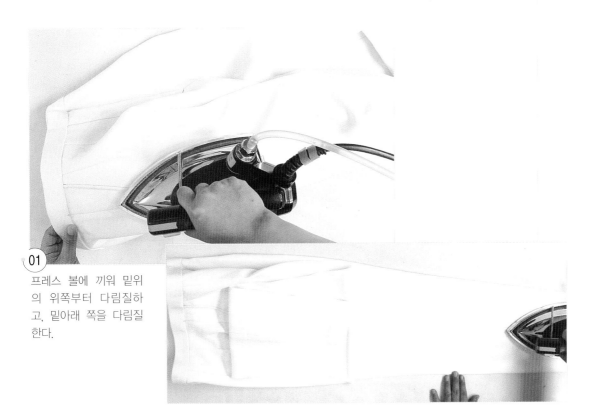

01
프레스 볼에 끼워 밑위
의 위쪽부터 다림질하
고, 밑아래 쪽을 다림질
한다.

테일러드 팬츠 Tailored Pants...

■ ■ ■ P.A.N.T.S

02

스타일 ● ● ● 앞턱이 2개, 밑단(카브라)을 접어 올린 남성복 스타일의 팬츠. 앞 뒤 모두 주름산이 잡혀 있다.

소 재 ● ● ● 촘촘하게 짜여진 멘즈(men's) 용 울 소재가 주로 사용된다.

색 ● ● ● 검정, 감색, 회색 등 멘즈 (men's)용이 코디하기 쉽다.

포인트 ● ● ● 앞턱 잡는 법과 주름 잡는 법, 밑단의 카브라 만드는 법의 처리가 중요하다.

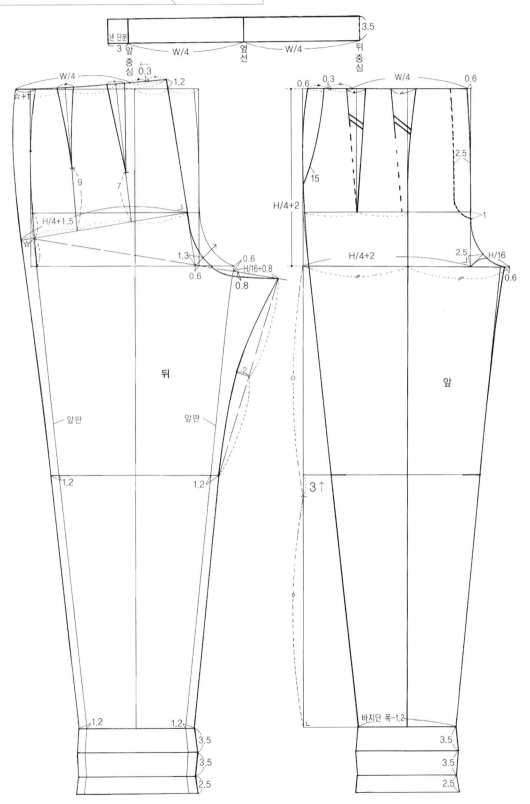

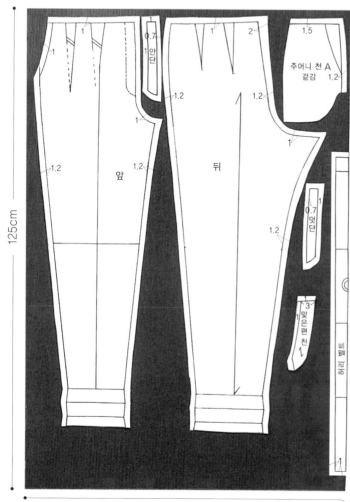

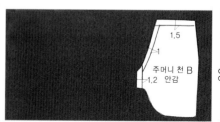

재료

- 겉감 152cm 폭 125cm
- 주머니 천(안감) 110cm 폭 30cm 정도
- 접착 심지 3cm 폭 75cm
  (허리 둘레 치수+3cm)
- 접착 테이프 1cm 폭 40cm 정도
- 지퍼 19cm 1개
- 훅과 아이 1set

1. 표시를 한다.

(01)

앞뒤 몸판의 완성선과 주머니 천 A의 완성선에 실표뜨기로 표시를 하고 좌우 앞 몸판을 겉끼리 마주
대어 주름산 선과 중심 쪽 턱을 시침질로 고정시킨다.

2. 밑단의 카브라와 앞 주름을 접는다.

01

바지 단의 카브라 중앙을 접어 올리고 시침질로 고정시킨다.

02

카브라 중앙선을 다리미로 접는다.

뒤
(표면)

03

뒤
(이면)

카브라의 완성선을 겉쪽으로 넘겨 다리미로 접는다.

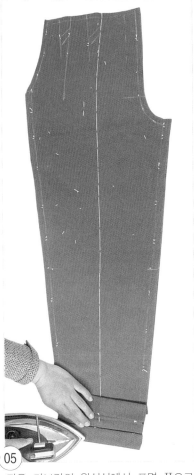

04 좌우 앞판의 카브라 중앙선에서 이면 쪽으로 접어 올려 시침질로 고정시키고 다리미로 접는다.

05 좌우 카브라의 완성선에서 표면 쪽으로 접어 올려 다리미로 접는다.

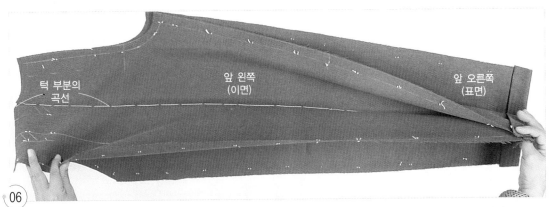

턱 부분의 곡선

앞 왼쪽 (이면)

앞 오른쪽 (표면)

06 앞판 주름산 선을 시침질로 고정시킨 위치에서 왼쪽은 위로 접어 올리고, 오른쪽은 아래쪽으로 접어 내린다.

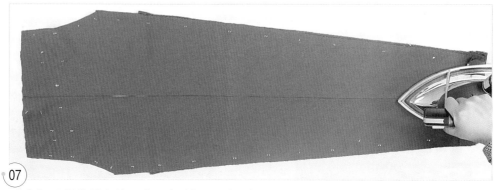

07 다리미로 주름산 선과 앞 중심 쪽의 턱을 주름잡는다.

3. 접착 테이프와 접착 심지, 벤놀 심지를 붙인다.

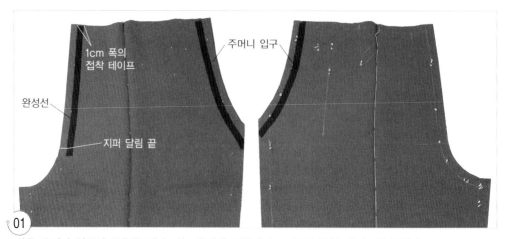

1cm 폭의
접착 테이프

주머니 입구

완성선

지퍼 달림 끝

01 좌우 주머니 입구와 오른쪽 지퍼 다는 위치의 이면에 1cm 폭의 접착 테이프를 붙인다.

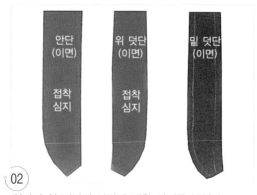

안단
(이면)

위 덧단
(이면)

밑 덧단
(이면)

접착
심지

접착
심지

02 안단과 위 덧단의 이면에 접착 심지를 붙인다.

4. 허리 벨트를 만든다.

01 허리 벨트 천을 수축 방지를 겸해 스팀 다림질로 구김을 편다.

3cm 폭의
벤놀 심지

02 겉 허리 벨트 쪽의 이면에 3cm 폭의 벤놀 심지를 붙인다.

03 앞 중심, 옆선, 뒤 중심의 위치에 표시를 한다.

04 겉 허리 벨트 쪽의 시접을 심지 끝에서 접는다.

05

안 허리 벨트를 심지 끝에서 접는다.

06

안 허리 벨트의 시접을 1cm 남기고 잘라낸다.

07

안 허리 벨트에도 표시를 한다.

08

표시 위치에 맞추어 겉 허리 벨트의 표면 쪽 끝에 표시를 해 둔다.

5. 주머니를 만들어 단다.

주머니 천 B

주머니
입구
맞은편 천

01 주머니 천 B와 주머니 입구 맞은편 천을 준비한다.

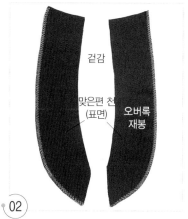

겉감

맞은편 천
(표면)

오버록
재봉

02 주머니 입구 맞은편 천의 안쪽에 오
버록 재봉을 한다.

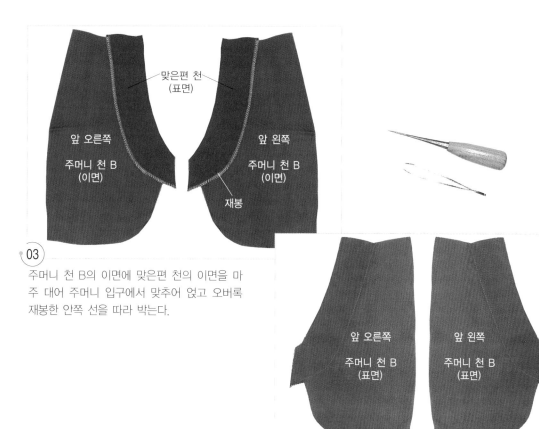

맞은편 천
(표면)

앞 오른쪽
주머니 천 B
(이면)

앞 왼쪽
주머니 천 B
(이면)

재봉

03 주머니 천 B의 이면에 맞은편 천의 이면을 마
주 대어 주머니 입구에서 맞추어 얹고 오버록
재봉한 안쪽 선을 따라 박는다.

앞 오른쪽
주머니 천 B
(표면)

앞 왼쪽
주머니 천 B
(표면)

* 뒤집어 놓은 상태의 사진

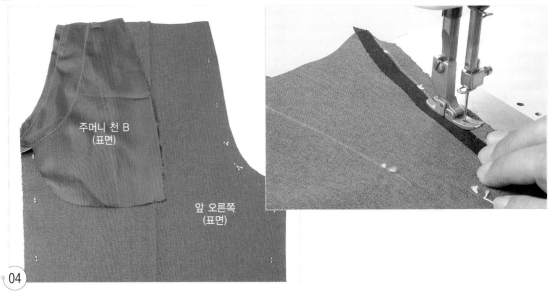

주머니 천 B
(표면)

앞 오른쪽
(표면)

④ 주머니 입구의 완성선에서 0.1cm 시접 쪽을 박는다.

⑤ 시접을 주머니 쪽으로 넘기고 박은 선에서 0.2cm에 상침재봉을 한다.

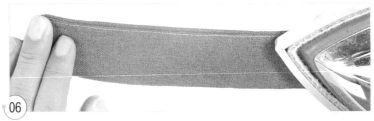

⑥ 겉으로 뒤집어 다리미로 정리한다.

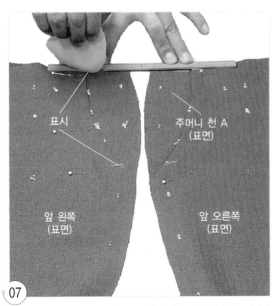

표시

주머니 천 A
(표면)

앞 왼쪽
(표면)

앞 오른쪽
(표면)

07

주머니 천 A의 표면 위에 주머니 천 B를 만들어 단 앞
판의 이면을 마주 대어 얹고, 주머니 입구의 표시를 맞
추어 핀으로 고정시킨 다음, 위아래 주머니 입구가 좌우
차이지지 않도록 표시를 한다.

상침재봉

08

위아래 주머니 입구 시접 쪽에 상침재봉을 하여 주머니
입구를 고정시킨다.

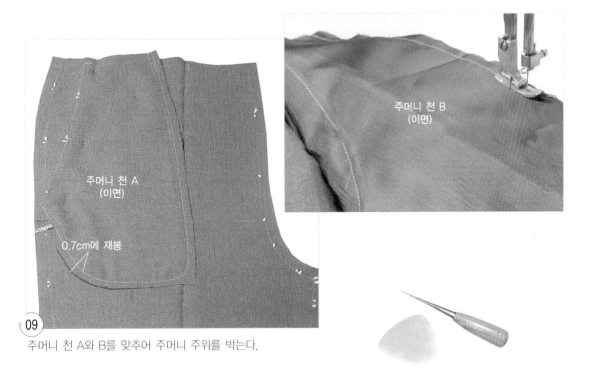

주머니 천 A
(이면)

0.7cm에 재봉

주머니 천 B
(이면)

09

주머니 천 A와 B를 맞추어 주머니 주위를 박는다.

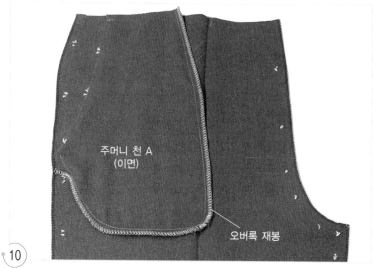

주머니 천 A
(이면)

오버록 재봉

10

주머니 주위 시접에 두 장 함께 오버록 재봉을 한다.

6. 오버록 재봉을 한다.

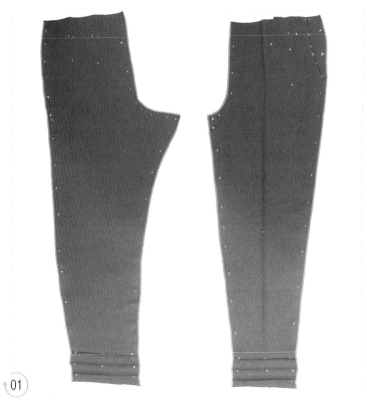

01

옆선과 밑아래 선, 밑둘레 선에 오버록 재봉을 한다.

02 위 덧단과 밑 덧단을 겉끼리 마주 대어 곡선 쪽의 완성선에서 0.1cm 시접 쪽을 박는다.

03 시접을 밑 덧단 쪽으로 넘기고 겉쪽에서 0.2cm에 상침재봉을 한다.

04 밑 덧단을 0.1cm 차이나게 다리미로 정리한다.

05 덧단을 두 장 함께 오버록 재봉을 한다.

06 안단의 곡선 쪽에 오버록 재봉을 한다.

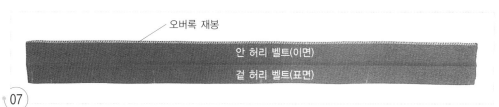

오버록 재봉

안 허리 벨트(이면)

겉 허리 벨트(표면)

07 안 허리 벨트의 시접에 오버록 재봉을 한다.

테일러드 팬츠 Tailored Pants 41

7. 앞 몸판의 턱을 잡는다.

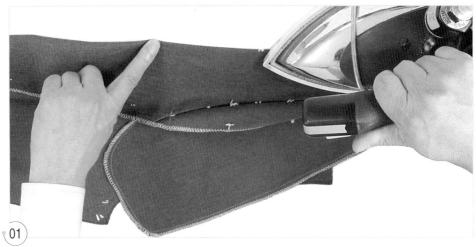

01

이면 쪽에서 옆선 쪽 턱의 끝까지 다림질하여 턱의 주름선을 잡는다.

02

턱을 옆선 쪽으로 넘기고 핀으로 고정시킨다.

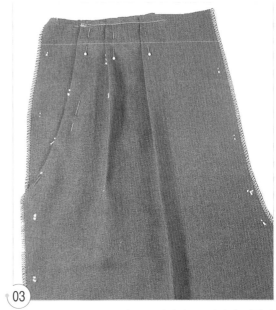

03

턱의 위치가 틀어지지 않도록 허리선 쪽 시접에 상침재봉을 하여 고정시키고, 겉쪽에서는 주름선을 다림질하지 않는다.

8. 뒤 다트를 박는다.

01
뒤 다트를 박는다.

02
다트 시접을 중심 쪽으로 넘긴다.

9. 옆선을 박는다.

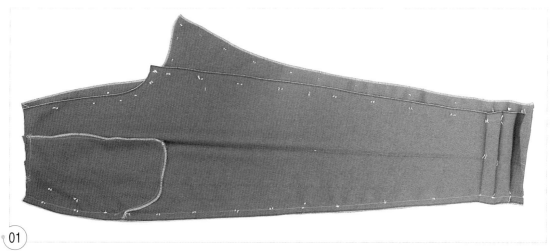

01
앞뒤 몸판을 무릎선 위치의 표시부터 정확하게 맞추어 핀으로 고정시키고, 밑단과 허리선 쪽을 맞춘 다음 앞 몸판이
위로 오게 하여 옆선을 박는다.

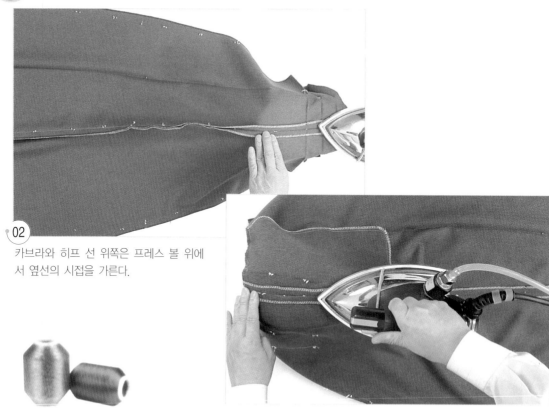

02 카브라와 히프 선 위쪽은 프레스 볼 위에
서 옆선의 시접을 가른다.

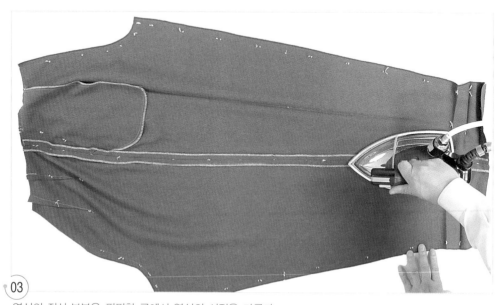

03 옆선의 직선 부분은 편편한 곳에서 옆선의 시접을 가른다.

10. 안단을 달고 밑아래 선을 박는다.

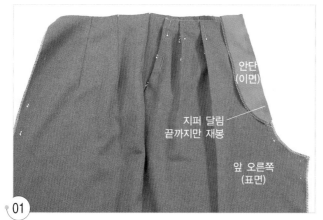

안단
(이면)

지퍼 달림
끝까지만 재봉

앞 오른쪽
(표면)

01 오른쪽 앞 몸판의 지퍼 다는 곳에 안단을 겉끼리 마주 대어 맞추고 지퍼 달림 끝까지 박는다.

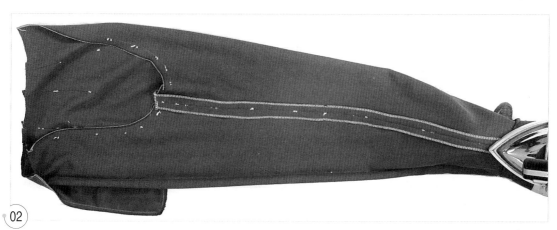

02 밑아래 선을 앞뒤 무릎 선의 표시부터 맞추어 핀으로 고정시키고 박은 다음 프레스 볼에 끼워 시접을 가른다.

11. 밑위 선을 박는다.

01 왼쪽을 겉으로 뒤집어 놓고, 뒤집지 않은 오른쪽의 바짓가랑이 사이로 빼낸다.

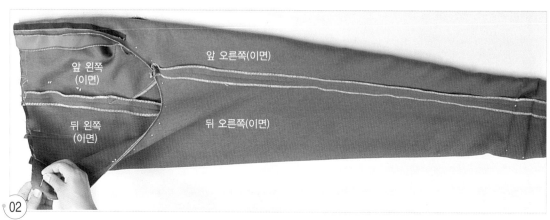

02 밑위 선을 맞추어 핀으로 고정시킨다.

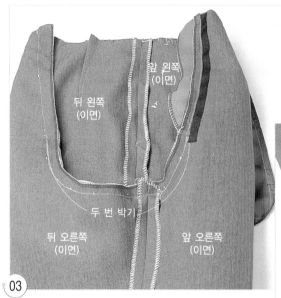

뒤 왼쪽
(이면)

앞 왼쪽
(이면)

두 번 박기

뒤 오른쪽
(이면)

앞 오른쪽
(이면)

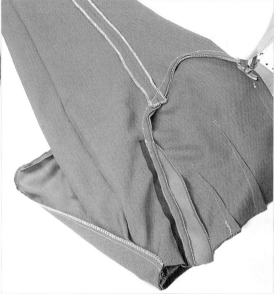

03
지퍼 달림 끝에서 뒤 중심선 끝까지 박은 다음,
지퍼 달림 끝에서 뒤 밑위의 1/2 위치까지는 같
은 위치를 두 번 박기 한다.

04
밑위 뒤 중심의 시접을 직선 부분까지만 가른다.

12. 지퍼를 단다.

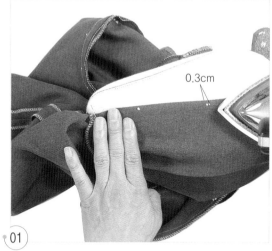

0.3cm

0.1cm

01 앞 왼쪽 지퍼 다는 곳의 시접을 0.3cm 내어 다림질한다.

02 안단을 0.1cm 차이나게 다림질한다.

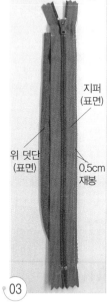

지퍼
(표면)

위 덧단
(표면)

0.5cm
재봉

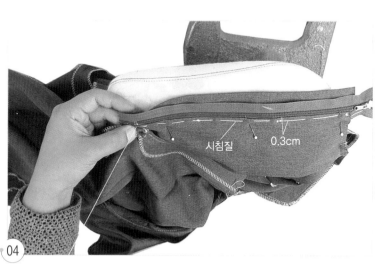

시침질

0.3cm

03 위 덧단의 표면 위에 지퍼의 이면을 겹쳐 얹고 지퍼 테이프 끝쪽을 박아 고정시킨다.

04 앞 왼쪽 지퍼 다는 곳을 겹쳐서 완성선에 시침질로 고정시킨다.

05

시침질한 곳에서 0.2cm 지퍼 쪽에 스티치한다.

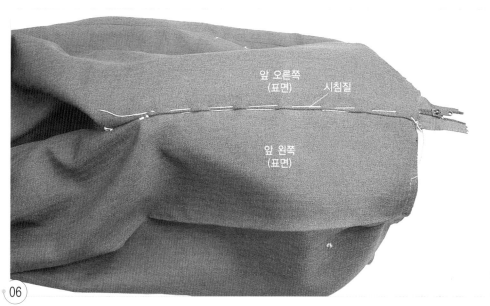

앞 오른쪽
(표면)　시침질

앞 왼쪽
(표면)

06

앞 오른쪽의 완성선을 왼쪽 완성선에 맞추고 시침질로 고정시킨다.

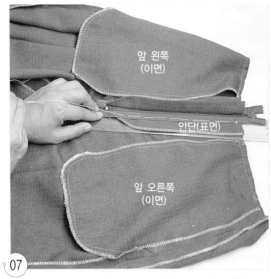

07

위 덧단을 젖히고 안단 밑에 방안자를 끼워 안단에만
지퍼를 시침질로 고정시킨다.

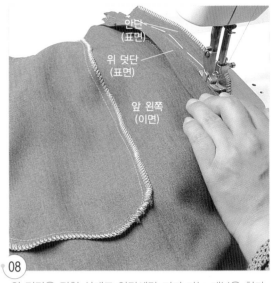

08

위 덧단을 젖힌 상태로 안단에만 지퍼 다는 재봉을 한다.

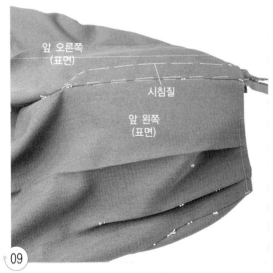

09

틀어지지 않도록 프레스 볼에 끼워서 앞 오른쪽 몸판과
안단만을 시침질로 고정시킨다.

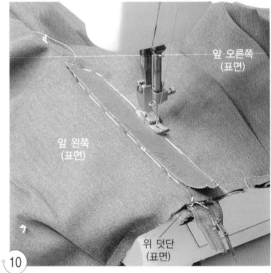

10

틀어지지 않도록 샌드페이퍼를 대고 지퍼 달림 끝쪽에
서 허리선 쪽에 덧단을 젖히고 스티치한다.

13. 허리 벨트를 단다.

겉 허리 벨트(이면)

안 허리 벨트(이면)

앞 오른쪽
(표면)

앞 왼쪽
(표면)

01

허리선의 시접을 정리하고, 앞 중심, 뒤 중심, 옆선의 표시를 맞추어 핀으로 고
정시키고 시침질한다.

0.1cm

02

심지 끝에서 0.1cm 시접 쪽을 박는다.

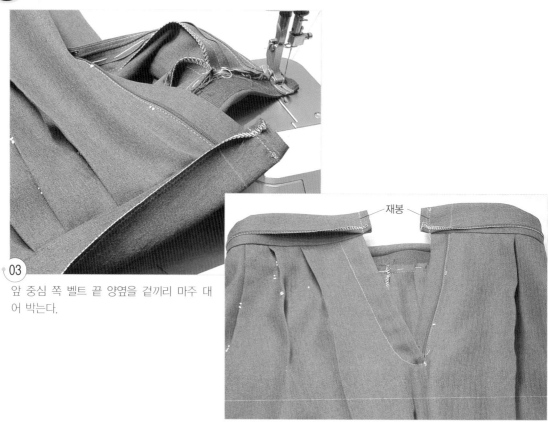

재봉

③ 앞 중심 쪽 벨트 끝 양옆을 겉끼리 마주 대
어 박는다.

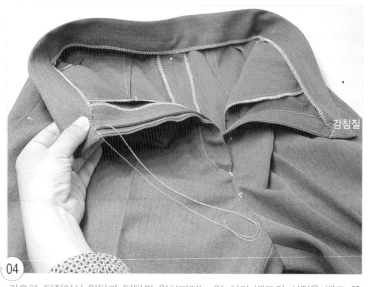

감침질

④ 겉으로 뒤집어서 안단과 덧단의 위치까지는 안 허리 벨트의 시접을 벨트 쪽
으로 넘겨 감침질로 고정시킨다.

시침질

05 벨트 위치가 틀어지지 않도록 표시를 맞추어 시침질로 고정시킨다.

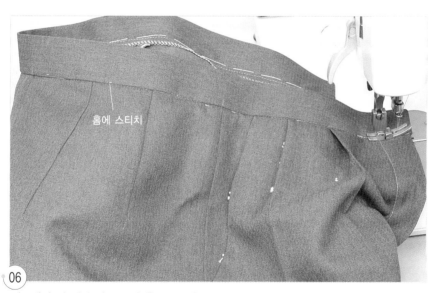

홈에 스티치

06 겉쪽에서 겉 허리 벨트를 단 홈에 재봉을 하여 안 허리 벨트와 고정시킨다.

14. 밑단 선을 처리한다.

01
밑단 선에 겉쪽에서 오버록 재봉을 한다.

02
카브라의 중앙선에서 접어 올려 시침질로 고정시킨다.

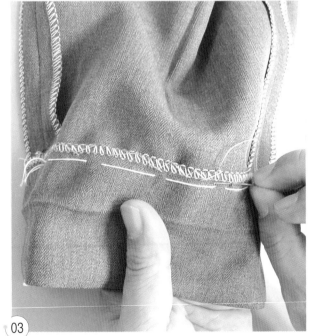

03
새발뜨기로 고정시킨다.

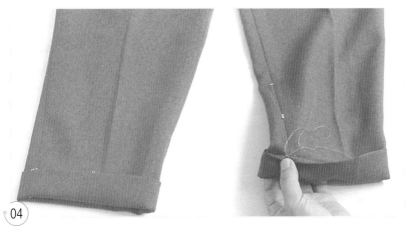

04 카브라를 완성선에서 표면 쪽으로 접어 올리고 앞뒤 주름산 선 위치와 양쪽 솔기 위치를 0.5cm씩 속감치기로 고정시킨다.

15. 훅과 아이를 단다.

01 앞 오른쪽의 허리 벨트 안쪽 끝에서 0.5cm 안쪽에 심지까지 떠서 훅을 달고, 지퍼를 올려 아이 다는 위치를 맞추어 0.3cm 정도 옆선 쪽으로 이동한 위치에 아이를 단다.

16. 마무리 다림질을 하여 완성한다.

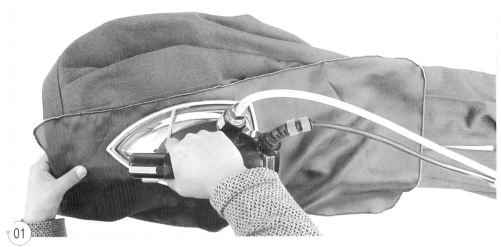

01

밑위 선 위쪽은 프레스 볼 위에서 다림질 천을 얹고 표면 쪽에서 스팀 다림질을 한다.

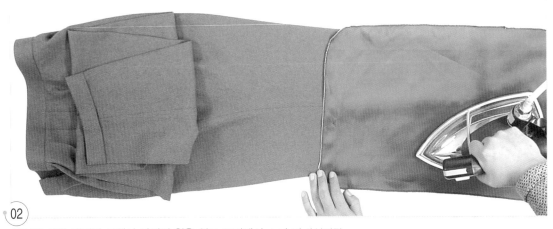

02

밑아래 쪽은 편편한 곳에서 다림질 천을 얹고 표면에서 스팀 다림질한다.

벨보텀 팬츠 Bell-bottom Pants...

■■■ P.A.N.T.S

스타일 ● ● ● 허리선에서 히프 선에 걸쳐서 몸에 딱 맞고 무릎 약간 위에서부터 밑단 쪽을 향해 넓어지는 종 모양의 실루엣 바지이다.

소 재 ● ● ● 인체의 움직임이 많은 부분에 착용하는 의복이므로 탄력이 있고, 잘 구겨지지 않는 천을 선택하는 것이 좋다. 슬림한 각선미를 강조하고 약동감 넘치는 디자인을 표현하는 소재로는 신축성이 있는 스트레치 소재가 적합하다.

포인트 ● ● ●

① 팬츠 길이와 무릎 위 좁히는 위치, 밑단 폭의 밸런스가 중요하다.
② 무릎선의 각진 부분 시접을 직선이 되도록 늘려 주는 테크닉이 중요하다.
③ 밑단에 안단을 대어 매끄럽게 처리하는 것이 중요하다.

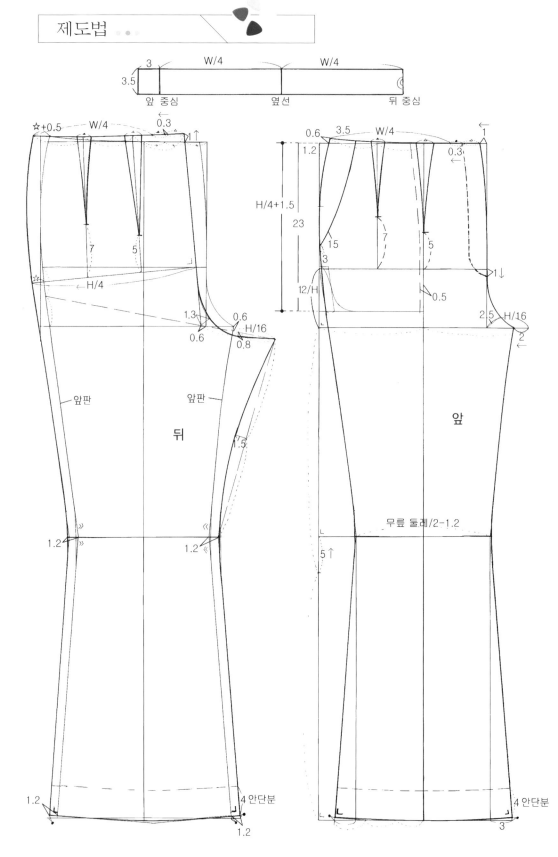

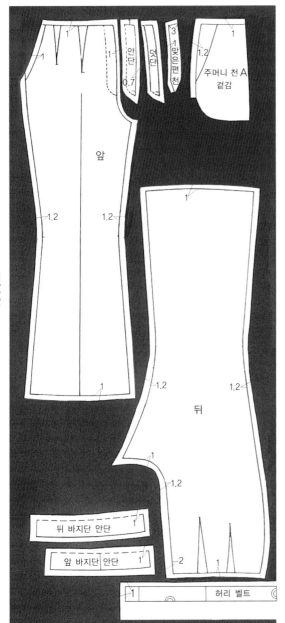

앞

뒤

안단
덧단
맞은편천

주머니 천 A
겉감

뒤 바지단 안단

앞 바지단 안단

허리 벨트

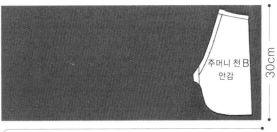

주머니 천 B
안감

150cm

110cm 폭

30cm

110cm 폭

재료

- 겉감 110cm 폭 150cm
- 주머니 천(안감) 110cm 폭 30cm 정도
- 벨트 심지 3cm 폭 75cm 정도
  (허리 둘레 치수+3cm)
- 접착 심지 110cm 폭 10cm 정도
- 접착 테이프 1cm 폭 40cm 정도
- 지퍼 19cm 1개
- 훅과 아이 1set

1. 표시를 한다.

뒤
(이면)

앞
(이면)

주머니 천 A
(이면)

01

앞판과 뒤판, 주머니 천 A의 완성선에 실표뜨기로 표시를 한다(보통 재단 시에 무릎선, 허리선 쪽의 앞
중심, 뒤 중심, 다트 위치, 지퍼 달림 끝에 0.2cm의 가윗밥을 넣지만 가윗밥이 들어가 있지 않을 경우에
는 표시를 한다).

2. 접착 테이프와 접착 심지, 벤놀 심지를 붙인다.

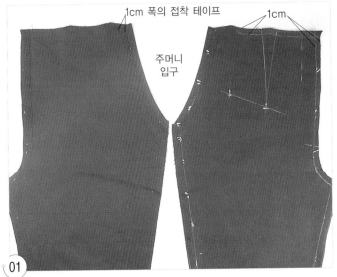

01 앞 오른쪽 지퍼 다는 곳과 좌우 주머니 입구의 완성선에서 몸판 쪽에 1cm 폭의 접착 테이프를 붙인다.

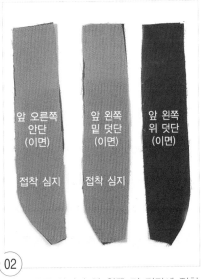

02 앞 오른쪽 안단과 앞 왼쪽 밑 덧단에 접착 심지를 붙인다(위 덧단과 밑 덧단 어느 한 쪽에만 접착 심지를 붙인다).

03 겉 허리 벨트 쪽에 3cm 폭의 벤놀 심지를 붙인다.

3. 허리 벨트를 만든다.

01 겉 허리 벨트의 시접을 접는다.

겉 허리 벨트(이면)   **안 허리 벨트 (표면)**

02 안 허리 벨트를 접는다.

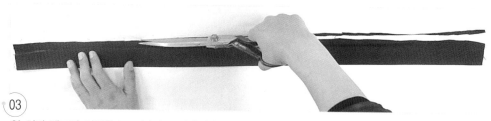

03 안 허리 벨트의 시접을 1cm 남기고 잘라낸다.

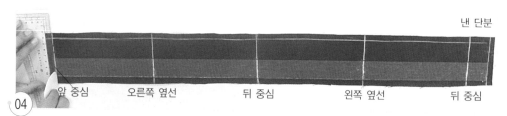

낸 단분

앞 중심   오른쪽 옆선   뒤 중심   왼쪽 옆선   뒤 중심

04 앞 중심, 옆선, 뒤 중심, 벨트 끝 위치에 표시를 한다.

앞 중심   오른쪽 옆선   뒤 중심   왼쪽 옆선   낸 단분

뒤 중심

05 겉 허리 벨트를 접어 표면 쪽에 04에서 표시한 위치와 같은 위치에 표시를 한다.

4. 오버록 재봉을 한다.

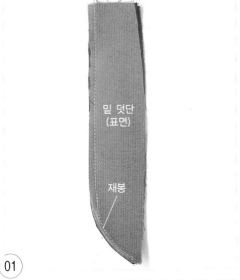

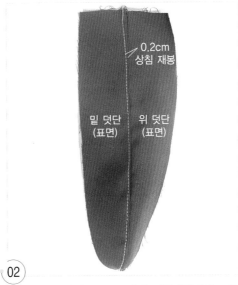

01 앞 왼쪽의 위 덧단과 밑 덧단을 겉끼리 마주 대어 박는다.

02 시접을 밑 덧단 쪽으로 넘겨 겉쪽에서 0.2cm에 상침재봉을 한다.

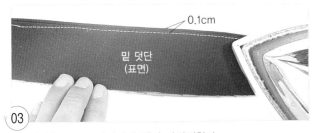

03 밑 덧단을 0.1cm 차이나게 밀어 다림질한다.

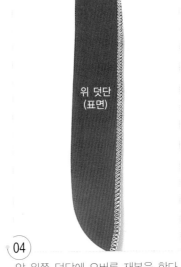

04 앞 왼쪽 덧단에 오버록 재봉을 한다.

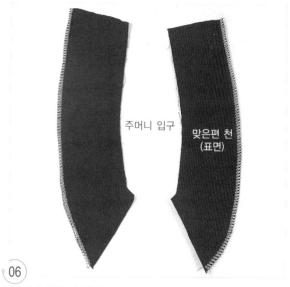

05

앞 오른쪽 안단에 오버록 재봉을 한다.

06

주머니 맞은편 천의 주머니 입구 반대쪽에 겉쪽에서 오버록 재봉을 한다.

5. 주머니를 만들어 단다.

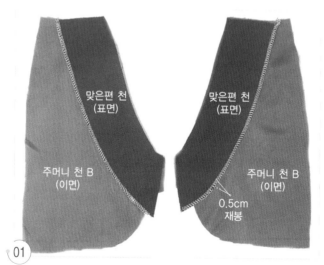

01

주머니 천 B의 이면에 주머니 맞은편 천의 이면을 마주 대어 오버록 재봉한 곳의 0.5cm를 박아 고정시킨다.

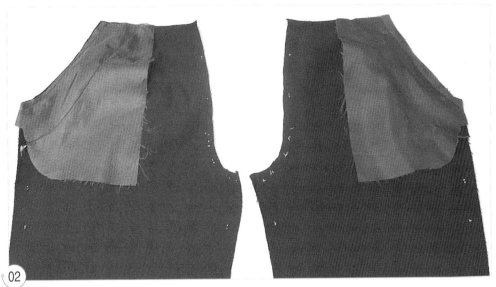

02
좌우 몸판의 표면에 01에서 만든 주머니 천 B를 얹어 주머니 입구의 완성선에서 0.2cm 시접 쪽을 박는다.

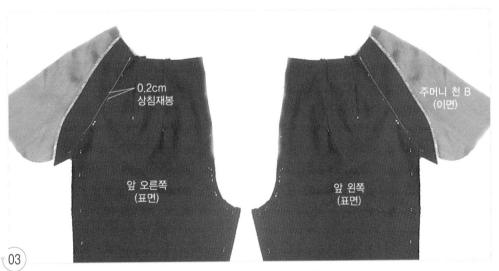

0.2cm
상침재봉

주머니 천 B
(이면)

앞 오른쪽
(표면)

앞 왼쪽
(표면)

03
시접을 주머니 천 쪽으로 넘겨 겉쪽에서 0.2cm에 상침재봉을 한다.

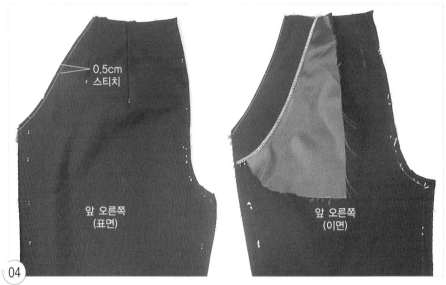

0.5cm
스티치

앞 오른쪽
(표면)

앞 오른쪽
(이면)

④ 주머니를 몸판 쪽으로 넘기고 겉쪽에서 주머니 입구 0.5cm에 스티치한다.

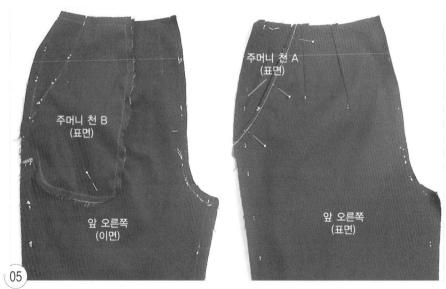

주머니 천 B
(표면)

주머니 천 A
(표면)

앞 오른쪽
(이면)

앞 오른쪽
(표면)

⑤ 주머니 천 A의 표면 위에 앞 몸판의 이면을 겹쳐 얹고 주머니 입구의 표시를 맞추어서 핀으로 고정시킨다.

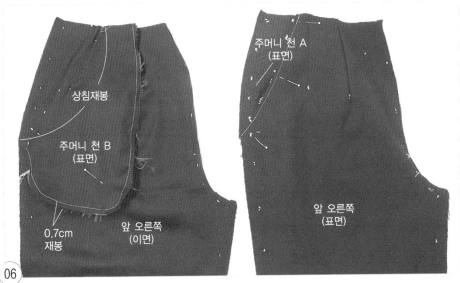

06 주머니 입구 위아래의 시접에 상침재봉으로 고정시킨 다음, 몸판을 젖히고 주머니 천 A와 B를 맞
추어 주머니 주위를 박는다.

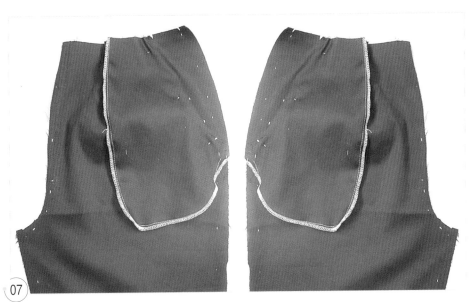

07 주머니 천 주위에 오버록 재봉을 한다.

6. 옆선을 박는다.

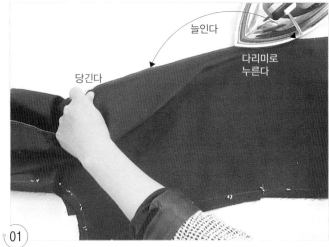

늘인다

당긴다

다리미로
누른다

01
앞뒤 옆선의 시접에 각각 오버록 재봉을 하고 무릎선의 각진 부분의
옆선과 밑 아래 선 시접을 완성선이 직선이 되도록 다리미로 늘려
준다.

02
앞판과 뒤판을 겉끼리 마주 대어 무릎선의
표시부터 맞추어 핀으로 고정시키고 위아
래를 낮추어 옆선을 박는다.

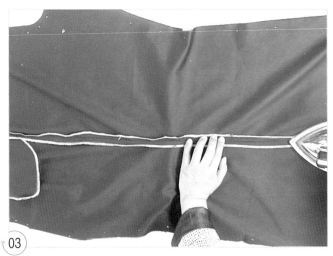

03
시접을 가른다.

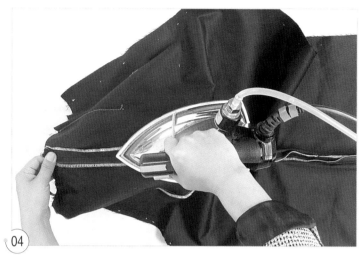

04 히프 선 위쪽은 곡선을 살리기 위해 프레스 볼 위에서 시접을 가른다.

7. 바지 단 안단의 옆선을 박고 몸판과 연결한다.

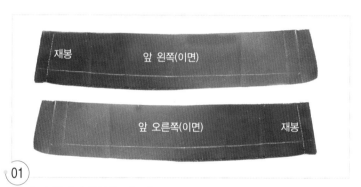

재봉 앞 왼쪽(이면)

앞 오른쪽(이면) 재봉

01 바지 단 안단의 옆선을 박는다.

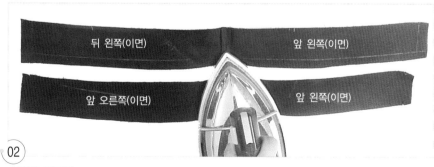

뒤 왼쪽(이면) 앞 왼쪽(이면)

앞 오른쪽(이면) 앞 왼쪽(이면)

02 시접을 가른다.

몸판
(이면)

안단(이면)

0.2cm
상침재봉

03 몸판과 겉끼리 마주 대어 완성선을 박는다.

04 시접을 안단 쪽으로 넘기고 겉쪽에서 0.2cm에 상침재봉을 한다.

05 바지 단의 안단을 0.1cm 차이나게 밀어 다림질한다.

8. 밑아래 선을 박는다.

뒤 밑위 선

앞 밑위 선

앞
밑아래 선

뒤
(표면)

앞
(표면)

앞
밑아래 선

안단(표면)

01 앞뒤 밑위 선과 밑아래 선, 바지 단의 안단에 오버록 재봉을 한다.

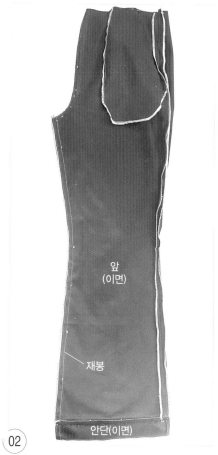

앞
(이면)

재봉

안단(이면)

02 무릎선의 표시부터 맞추어 핀으로 고정시키고 밑아래 선을 박는다.

9. 앞 지퍼 다는 곳에 안단을 단다.

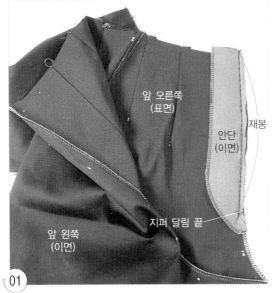

앞 오른쪽
(표면)

재봉

안단
(이면)

지퍼 달림 끝

앞 왼쪽
(이면)

01 앞 오른쪽의 지퍼 다는 곳에 안단을 겹쳐 얹고 지퍼 달림 끝까지 완성선에서 0.1cm 시접 쪽을 박는다.

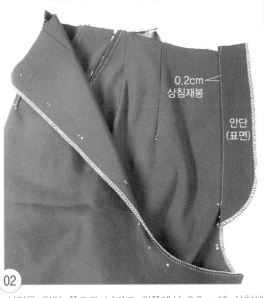

0.2cm
상침재봉

안단
(표면)

02 시접을 안단 쪽으로 넘기고 겉쪽에서 0.2cm에 상침재봉을 한다.

0.1cm

03 안단을 0.1cm 차이나게 밀어 다림질한다.

10. 밑위 선을 박는다.

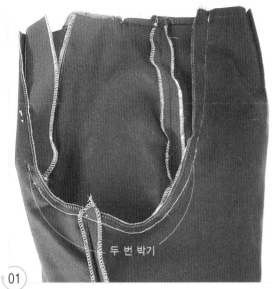

두 번 박기

01

앞 지퍼 달림 끝, 가랑이 밑, 뒤 중심의 표시를 맞추어
핀으로 고정시키고 앞 지퍼 달림 끝에서부터 박기 시작
하여 뒤 중심 쪽으로 박은 다음 지퍼 달림 끝에서 뒤 중
심의 중간까지를 다시 한 번 박는다.

11. 지퍼를 단다.

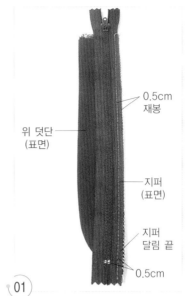

0.5cm
재봉

위 덧단
(표면)

지퍼
(표면)

지퍼
달림 끝

0.5cm

01

앞 왼쪽 위 덧단의 표면 위에 지퍼
의 이면을 마주 대어 지퍼 달림 끝
표시에서 지퍼의 고정 스프링을
0.5cm 내려 맞추고 박는다.

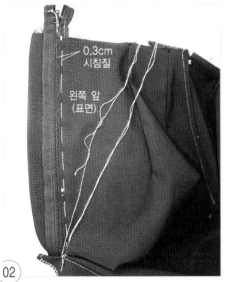

0.3cm
시침질

왼쪽 앞
(표면)

02

앞 왼쪽 몸판의 지퍼 다는 곳의 시접을 완성선
에서 0.3cm 내어 접고 덧단의 지퍼 위에 겹쳐
서 시침질로 고정시킨다.

0.2cm

왼쪽 앞
(표면)

03

시침질한 곳에서 0.2cm 지퍼 쪽을 박는다.

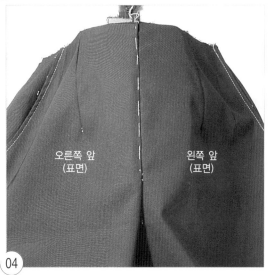

오른쪽 앞
(표면)

왼쪽 앞
(표면)

04

앞 오른쪽을 앞 왼쪽의 완성선에 맞추어서 겹쳐 얹고
시침질로 고정시킨다.

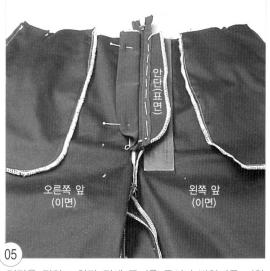

안단(표면)

오른쪽 앞
(이면)

왼쪽 앞
(이면)

05

덧단을 젖히고 안단 밑에 두꺼운 종이나 방안자를 끼워
안단에만 지퍼를 시침질로 고정시킨다.

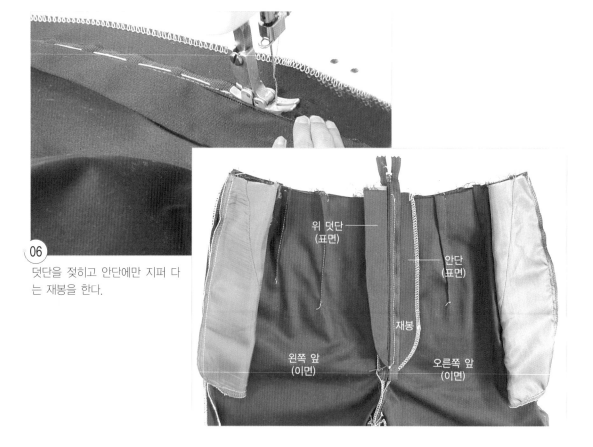

위 덧단
(표면)

안단
(표면)

재봉

왼쪽 앞
(이면)

오른쪽 앞
(이면)

06

덧단을 젖히고 안단에만 지퍼 다
는 재봉을 한다.

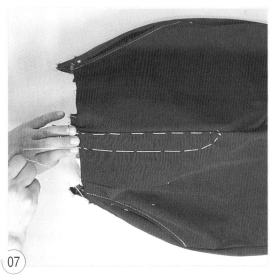

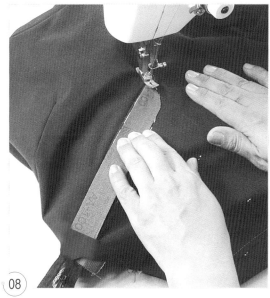

07
덧단과의 사이에 두꺼운 종이나 방안자를 끼우고 시침
질로 고정시킨다.

08
틀어지지 않도록 샌드페이퍼를 대고 덧단을 피해 지퍼
달림 끝에서 허리선 쪽을 향해 스티치한다.

고정 재봉

09
지퍼 달림 끝 밑쪽에 덧단과 안단만을 함께 박아 고정시킨다.

12. 허리 벨트를 단다.

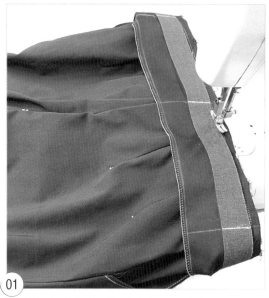

01 몸판과 겉 허리 벨트를 겉끼리 마주 대어 뒤 중심, 옆선, 앞 중심의 표시를 맞추어 핀으로 고정시키고 겉 허리 벨트의 완성선에서 심지의 두께분 만큼 시접 쪽을 박는다.

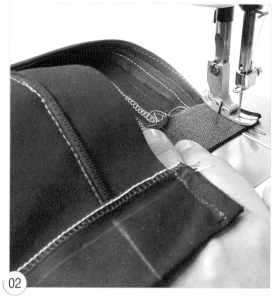

02 겉 허리 벨트와 안 허리 벨트를 겉끼리 마주 대어 양쪽 벨트 끝 양옆을 박는다.

03 양쪽 벨트 끝쪽만 허리 벨트의 시접을 벨트 쪽으로 접어 넘기고 감침질한다.

04 안 허리 벨트의 뒤 중심 옆선의 표시를 맞추어 핀으로 고정시키고 겉쪽에서 겉 허리 벨트를 박은 홈에 스티치하여 안 허리 벨트와 고정시킨다(초보자는 시침질로 고정시키고 스티치하는 것이 좋다).

13. 훅과 아이를 단다.

0.5cm

(01)

앞 오른쪽의 안 허리 벨트 끝에서 0.5cm 안으로 들여 심지까지 떠서 훅을 달고 지퍼를 올려 앞 왼쪽 아이 다 는 위치를 표시한 다음 0.3cm 옆선 쪽으로 이동한 위 치에 아이를 단다.

14. 단 처리를 한다.

0.7cm에
시침질

(01)

단을 올려 0.7cm에 시침질로 고정시키고 새발뜨기를 한다.

15. 마무리 다림질을 하여 완성한다.

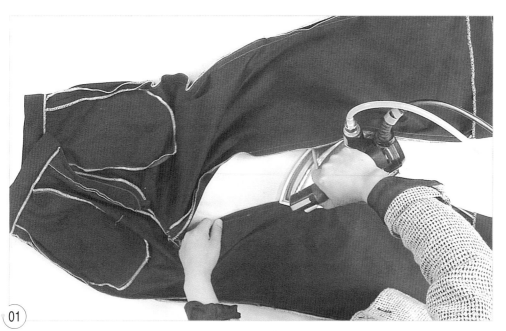

(01)

다림질하기 전에 앞뒤 밑아래 무릎선의 각진 부분의 시접을 완성선이 직선이 되도록 다리미로 늘려 준다.

02 밑아래 선의 시접을 가른다.

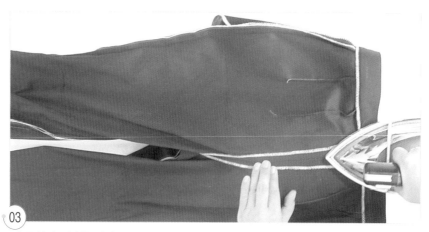

03 뒤 중심의 시접을 직선 부분까지만 가른다.

04 겉으로 뒤집어서 전체 마무리 다림질을 한다.

주 : 여기서 사용한 스팀 다리미는 다리미 밑판에 다림질 천을 대용할 수 있는 다리미 판을 대 두었으므로 일반 스팀 다리미일 경우는 다리미 천을 얹고 다림질한다.

청바지   Jeans...

■■■ P.A.N.T.S

 스타일

　허리선보다 내려온 위치의 골반에 맞게 걸쳐 입는 사문직의 질긴 면포의 청지를 사용해, 무릎 약간 위부터 밑단 쪽을 향해 약간 넓어지게 하면서 뒤판의 밑단을 앞판보다 1cm 길고 둥글게 하여 다리가 길어 보이는 스포티한 스타일이다.

 소 재

　청지는 두꺼운 것에서 얇은 것까지 다양하며, 신축성이 있는 스트레치 소재도 많이 나와 있다. 신체에 피트시킬 경우는 신축성이 있는 스트레치 소재가 가장 적합하며 활동적이고, 작업복 스타일인 만큼 일상의 동작에 지장이 없도록 두꺼운 것을 선택하더라도 스트레치성이 있는 것을 선택하는 것이 좋다.

포인트

① 앞 주머니가 커브로 되어 있는 주머니에 앞 오른쪽은 속주머니를 만들어 넣는 것이 스포티한 느낌을 준다.

② 뒤 요크를 만들어 다는 것이 중요하다.

③ 옆선과 밑위 선 시접 처리가 중요하다.

제도법 ... ●●●

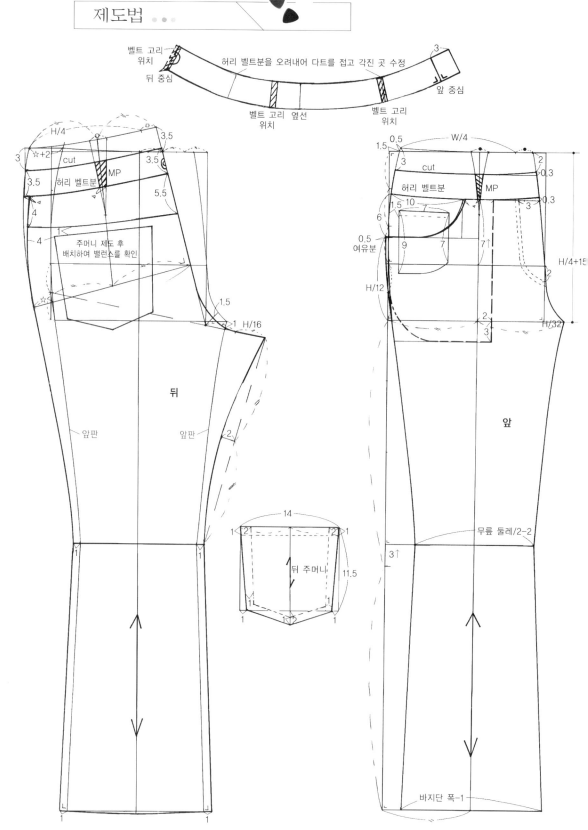

벨트 고리 위치
뒤 중심
허리 벨트분을 오려내어 다트를 접고 각진 곳 수정
3
앞 중심
벨트 고리 옆선 위치
벨트 고리 위치

H/4
3 ☆+2 cut
3.5 허리 벨트분 MP
4
4 주머니 제도 후 배치하여 밸런스를 확인
☆-2
3.5
3.5
5.5
1
1.5
1 H/16
뒤
앞판 앞판 2

0.5 W/4 2
1.5 3 cut 0.3
허리 벨트분 MP 3 0.3
1.5 10 7
6
0.5 여유분 9 7 7
H/12
H/4+15
2
2 H/32
3
앞
1 무릎 둘레/2-2
3

14
1 2↑ 2 1
뒤 주머니 11.5
1 1 1
1 1↓ 1
바지단 폭-1

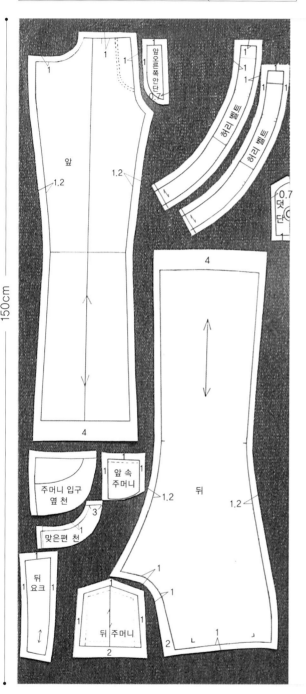

재료

- 겉감 110cm 폭 150cm
- 주머니 천(T/C) 110cm 폭 25cm 정도
- 벤놀 심지 110cm 폭 15cm 정도
- 접착 심지 110cm 폭 5cm 정도
- 지퍼 15cm 1개
- 단추 직경 1.5cm 1개

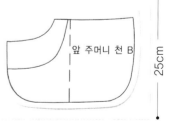

1. 표시를 한다.

뒤

앞

(01)

앞뒤 판의 완성선에 실표뜨기로 표시를 한다.

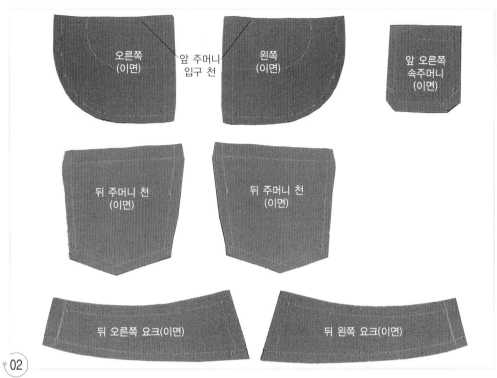

02
앞뒤 주머니와 뒤 요크에 실표뜨기로 표시를 한다.

2. 접착 심지를 붙인다.

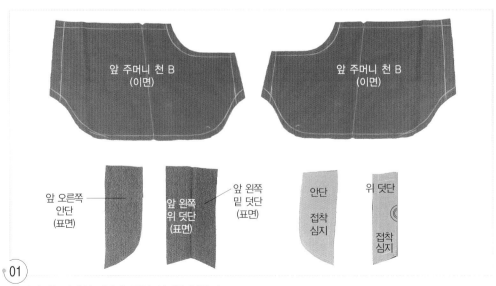

01
안단과 위 덧단의 이면에 접착 심지를 붙인다.

3. 앞뒤 주머니를 만들어 단다.

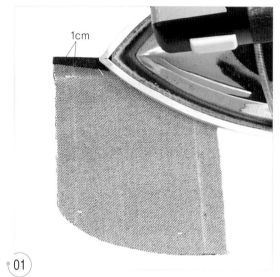

1cm

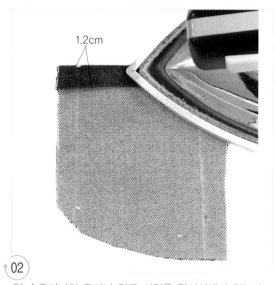

1.2cm

01 앞 속주머니의 주머니 입구 시접 1cm를 접는다.

02 앞 속주머니의 주머니 입구 시접을 완성선에서 접는다.

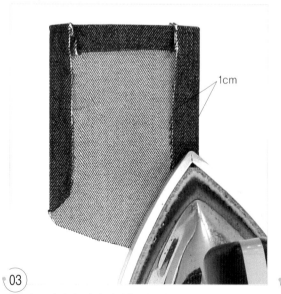

1cm

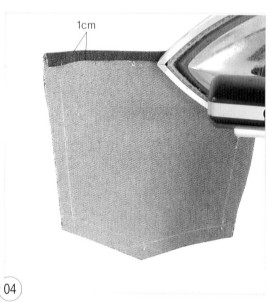

1cm

03 앞 속주머니의 옆선 시접을 접는다.

04 뒤 주머니의 주머니 입구 시접 1cm를 접는다.

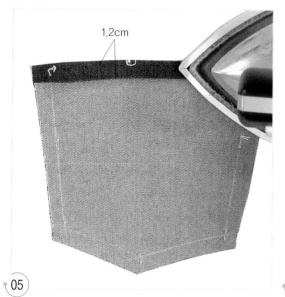

05 뒤 주머니의 주머니 입구 시접을 완성선에서 접는다.

06 뒤 주머니의 밑쪽 시접을 ①, ②순으로 접는다.

07 뒤 주머니의 양옆 시접을 접는다.

0.1cm 1cm

앞 속주머니
(표면)

0.1cm 1cm

오른쪽 뒤 주머니
(표면)

왼쪽 뒤 주머니
(표면)

08 앞 속주머니와 뒤 주머니 입구에 겉쪽에서 0.1cm와 1cm로 두 줄 스티치한다.

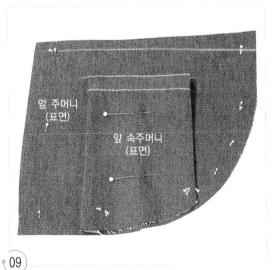

앞 주머니
(표면)

앞 속주머니
(표면)

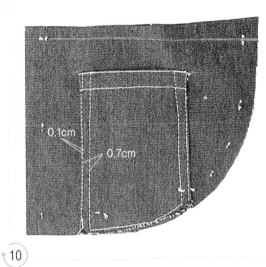

0.1cm

0.7cm

09 앞 주머니 천 입구의 표면에 앞 속주머니를 표시에 맞추어 얹고 핀으로 고정시킨다.

10 주머니 양옆을 0.1cm와 0.7cm로 두 줄 스티치한다.

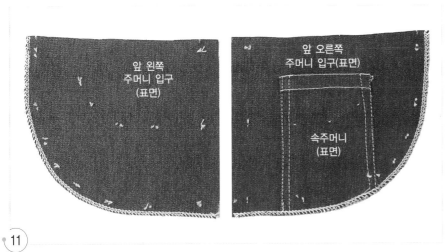

11 좌우 앞 주머니 입구 천의 주위에 오버록 재봉을 한다.

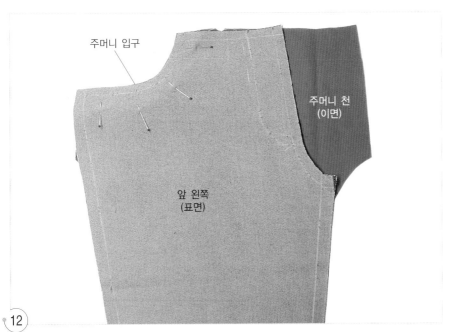

12 주머니 천의 이면에 앞판의 표면을 마주 대어 얹고 표시를 맞추어 핀으로 고정시킨다.

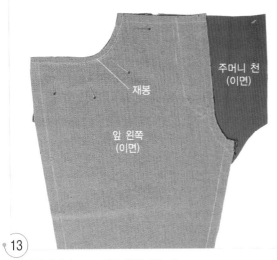

재봉

주머니 천
(이면)

앞 왼쪽
(이면)

주머니 천
(표면)

앞 왼쪽
(표면)

⑬ 완성선에서 0.1cm 시접 쪽을 박는다.

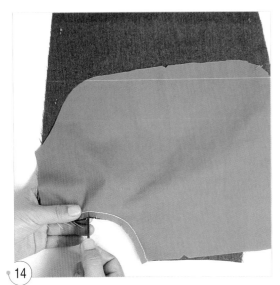

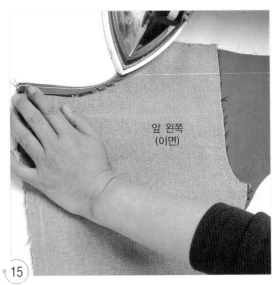

앞 왼쪽
(이면)

⑭ 곡선 부분에 가윗밥을 넣는다.

⑮ 시접을 박은 선에서 두 장 함께 접는다.

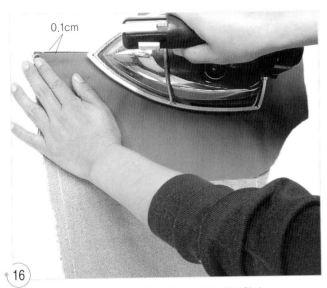

16 주머니 천을 0.1cm 차이나게 밀어 다리미로 정리한다.

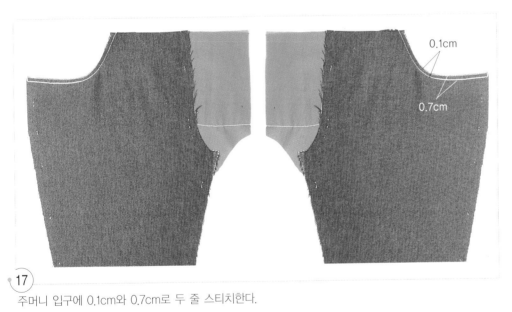

17 주머니 입구에 0.1cm와 0.7cm로 두 줄 스티치한다.

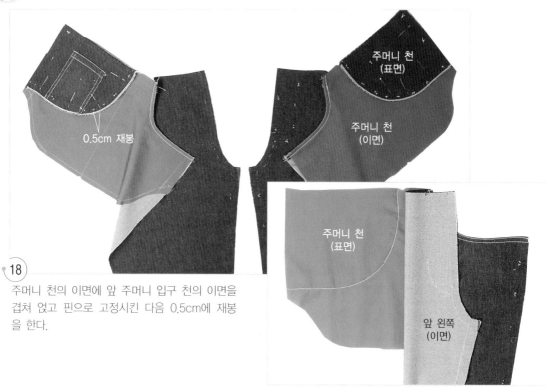

0.5cm 재봉

주머니 천
(표면)

주머니 천
(이면)

주머니 천
(표면)

앞 왼쪽
(이면)

18

주머니 천의 이면에 앞 주머니 입구 천의 이면을
겹쳐 얹고 핀으로 고정시킨 다음 0.5cm에 재봉
을 한다.

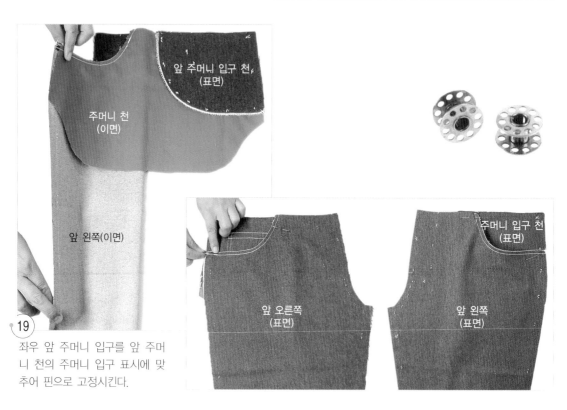

앞 주머니 입구 천
(표면)

주머니 천
(이면)

앞 왼쪽(이면)

주머니 입구 천
(표면)

앞 오른쪽
(표면)

앞 왼쪽
(표면)

19

좌우 앞 주머니 입구를 앞 주머
니 천의 주머니 입구 표시에 맞
추어 핀으로 고정시킨다.

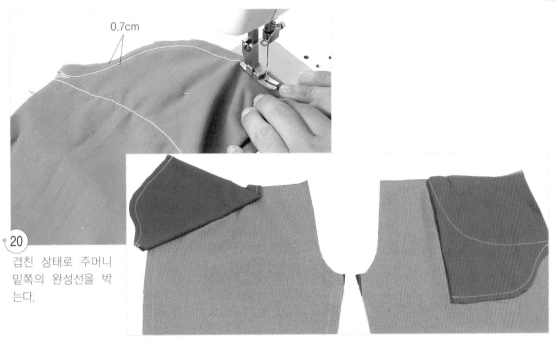

20 겹친 상태로 주머니 밑쪽의 완성선을 박는다.

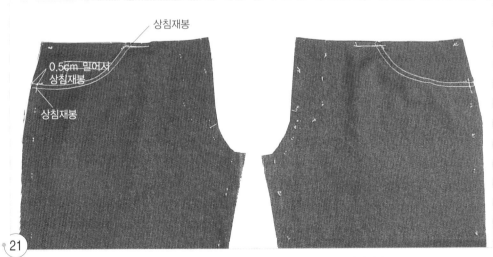

21 위아래 주머니 입구 위치가 틀어지지 않도록 시접 쪽에 상침재봉으로 고정시킨다.

주 : 옆선 쪽은 상침재봉 시에 겉감을 0.5cm 밀어서 여유분을 넣어 주고 상침재봉을 한다.

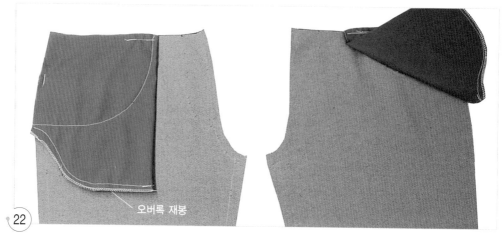

㉒ 주머니 천의 밑쪽 시접에 오버록 재봉을 한다.

오버록 재봉

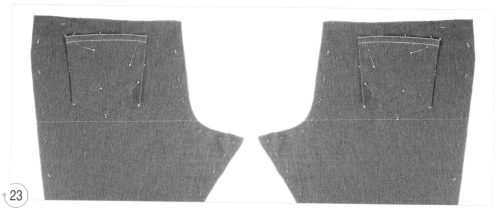

㉓ 뒤 주머니를 주머니 다는 위치에 맞추어 핀으로 고정시킨다.

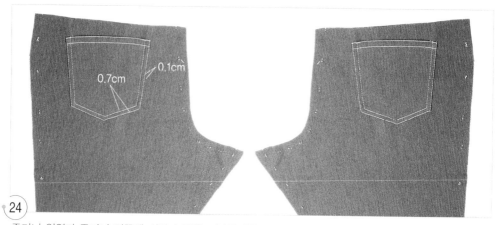

0.1cm

0.7cm

㉔ 주머니 양옆과 주머니 밑쪽에 시작과 끝은 되박음질을 하지 않고 0.1cm와 0.7cm로 두 줄 스티치한다.

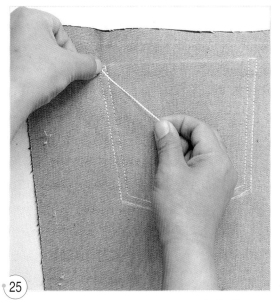

25 시작한 곳과 끝난 곳의 밑실을 각각 당겨 윗실을 빼내고 묶는다.

26 바늘땀에 1cm 정도 감치고 남은 실을 잘라낸다.

4. 뒤 요크를 단다.

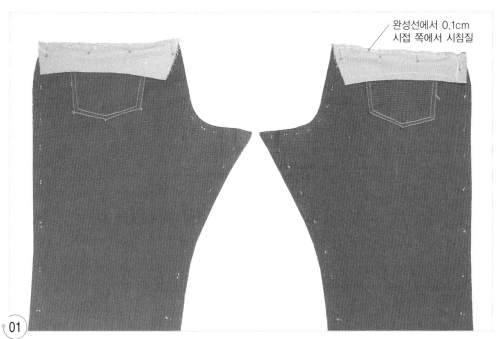

완성선에서 0.1cm 시접 쪽에서 시침질

01 뒤 요크를 겉끼리 마주 대어 완성선의 표시를 맞추어 핀을 꽂고 완성선에서 0.1cm 시접 쪽을 시침질로 고정시킨다.

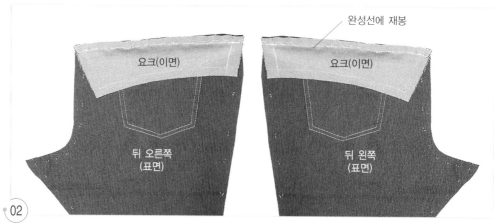

완성선에 재봉

요크(이면)

요크(이면)

뒤 오른쪽
(표면)

뒤 왼쪽
(표면)

02 완성선을 박는다.

뒤 오른쪽
(표면)

03 요크 시접을 두 장 함께 오버록 재봉한다.

뒤
(이면)

04 시접을 요크 쪽으로 넘긴다.

94 | 팬츠 만들기

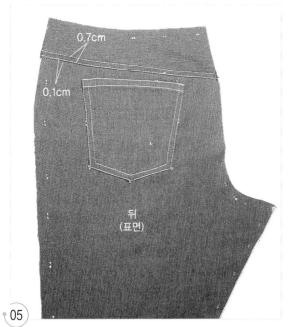

05
겉쪽에서 0.1cm와 0.7cm로 두 줄 스티치한다.

5. 옆선을 박는다.

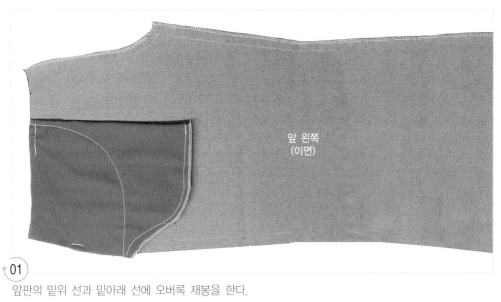

01
앞판의 밑위 선과 밑아래 선에 오버록 재봉을 한다.

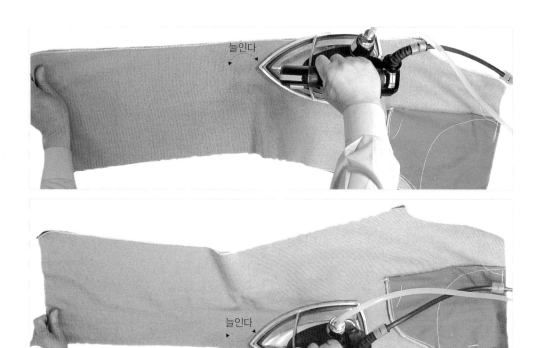

늘인다

늘인다

02
좌우 앞판을 두 장 함께 겹쳐서 무릎선 위치의 각진 곳을 직선이 되도록 늘려 준다.

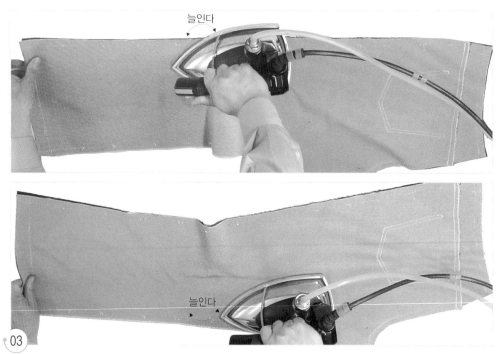

늘인다

늘인다

03
좌우 뒤판을 두 장 함께 겹쳐서 무릎선 위치의 각진 곳을 직선이 되도록 늘려 준다.

04
앞 주머니를 만든 후 완성선이 틀어질 수 있으므로 확인하여 수정한다.

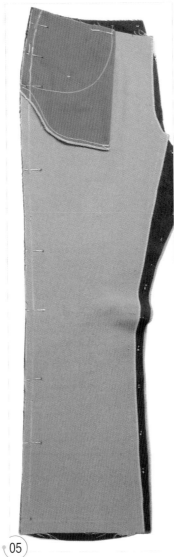

05
무릎선의 표시부터 맞추고 옆선 전체를 핀으로 고정시킨다.

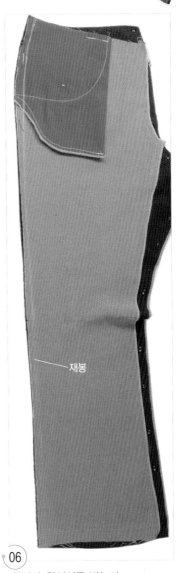

재봉

06
옆선의 완성선을 박는다.

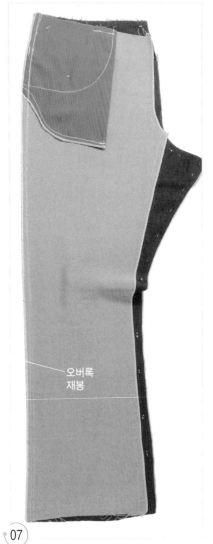

오버록
재봉

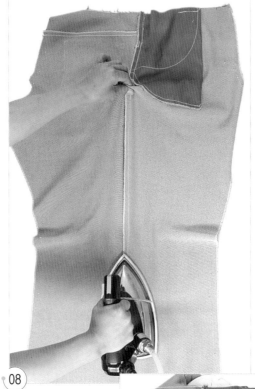

07
시접을 두 장 함께 오버록 재봉한다.

08
시접을 뒤판 쪽으
로 넘긴다(밑위 선
의 옆선은 프레스
볼 위에서 시접을
뒤쪽으로 넘긴다).

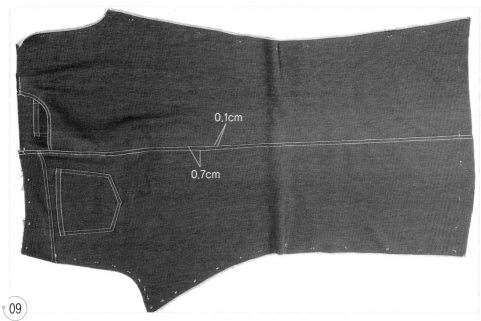

09
겉쪽에서 좌우 양옆선에 0.1cm와 0.7cm로 두 줄 스티치한다.

6. 지퍼를 단다.

01
앞 왼쪽 덧단을 겉끼리 마주 대어 밑쪽을 박는다.

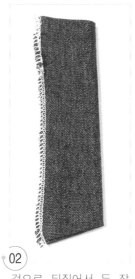

02
겉으로 뒤집어서 두 장 함께 오버록 재봉을 한다.

03
앞 오른쪽 안단의 곡선 부분에 오버록 재봉을 한다.

04

앞 오른쪽 지퍼 다는 곳에 안단을 맞추어 핀으로 고정
시킨다.

05

완성선에서 0.1cm 시접 쪽을 지퍼 달림 끝까지 박는다.

06

시접을 안단 쪽으로 넘기고 겉쪽에서 0.2cm에 지퍼 달림 끝까지 상침재
봉을 한다.

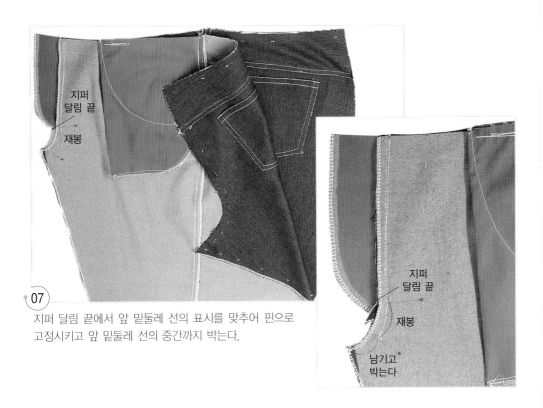

07

지퍼 달림 끝에서 앞 밑둘레 선의 표시를 맞추어 핀으로
고정시키고 앞 밑둘레 선의 중간까지 박는다.

08

앞 오른쪽의 지퍼 달림 끝까지 안단과 겹쳐서 0.7cm
폭으로 겉쪽에서 스티치한다.

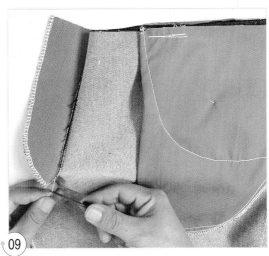

09

안단 밑으로 윗실을 빼내어 밑실과 함께 묶고 실 끝을
1cm 남기고 잘라낸다.

10

다리미로 안단을 정리한다.

0.1cm

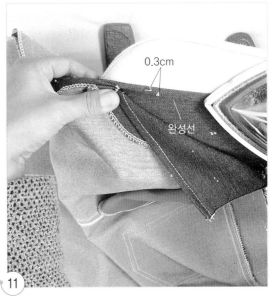

11

앞 왼쪽 지퍼 다는 곳의 시접을 완성선에서 0.3cm 내어 다리미로 접는다.

0.3cm
완성선

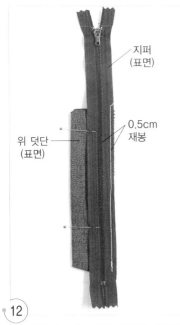

지퍼
(표면)

0.5cm
재봉

위 덧단
(표면)

12

위 덧단의 표면 위에 지퍼의 이면을 겹쳐 얹고 지퍼 테이프 끝의 0.5cm에 재봉을 한다.

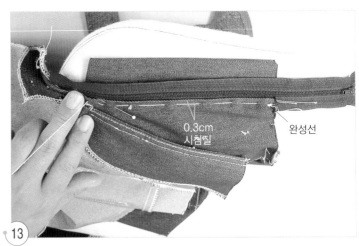

0.3cm
시침질

완성선

13

앞 왼쪽의 지퍼 다는 곳을 맞추고 완성선에 시침질로 고정시킨다.

14 시침질한 곳에서 0.2cm 지퍼 쪽에 겉쪽에서 스티치한다.

15 앞 오른쪽을 앞 왼쪽 완성선에 맞추어 겹쳐 얹고 시침질로 고정시킨다.

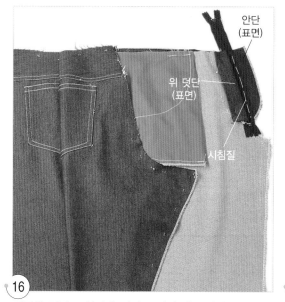

안단 (표면)

위 덧단 (표면)

시침질

16 덧단을 젖히고 안단에 지퍼를 겹쳐 얹고 시침질로 고정시킨다.

0.2cm

0.5cm

17 지퍼의 테이프 끝 0.2cm와 지퍼 쪽에 두 줄 안단에만 박아 고정시킨다.

18 덧단을 젖히고 안단까지 통하게 시침질로 고정시킨다.

19 허리선 쪽에서부터 스티치 완성선을 따라
지퍼 달림 끝까지 스티치하고 그대로
0.7cm 내려 박은 다음 0.7cm 폭으로 허리
선 쪽을 향해 스티치한다.

0.7cm

7. 밑아래 선을 박는다.

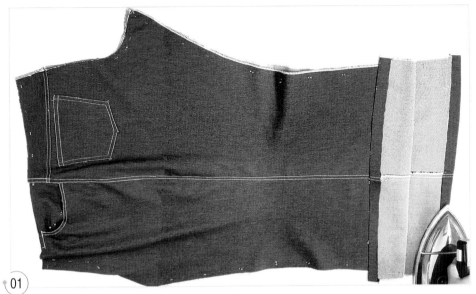

01 밑아래 선을 박기 전에 밑단 선을 완성선에서 접는다.

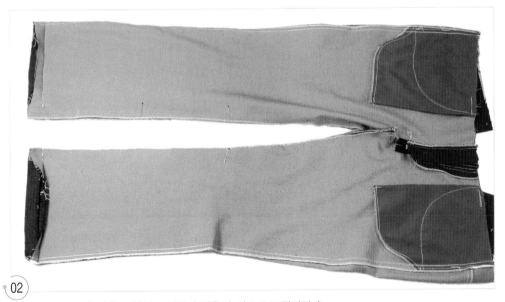

02 앞뒤 판의 밑아래 선을 무릎선 표시부터 맞추어 핀으로 고정시킨다.

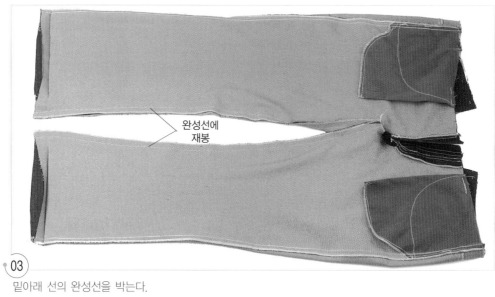

완성선에
재봉

03 밑아래 선의 완성선을 박는다.

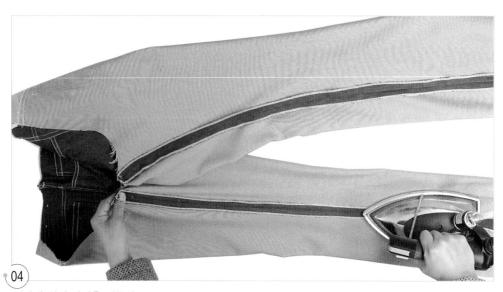

04 밑아래 선의 시접을 가른다.

8. 밑위 선을 박는다.

01 오른쪽 바짓가랑이를 겉으로 뒤집어 놓는다.

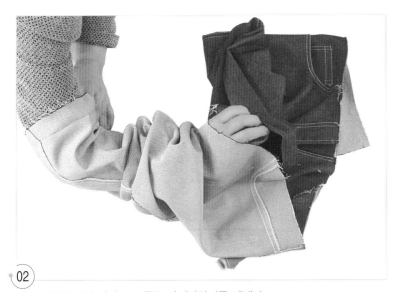

02 왼쪽 바짓가랑이 사이로 오른쪽 바짓가랑이를 빼낸다.

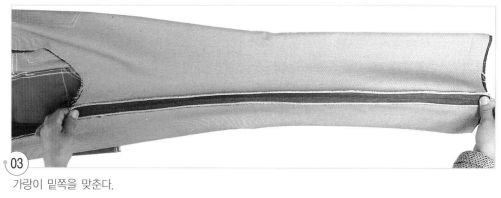

03
가랑이 밑쪽을 맞춘다.

04
밑위 선을 맞추어 핀으로 고정시킨다.

05
밑위 선의 완성선을 박는다.

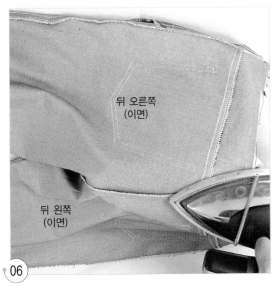

뒤 오른쪽
(이면)

뒤 왼쪽
(이면)

06 뒤 밑위 선의 시접을 두 장 함께 오버록 재봉을 하고 시접을 오른쪽으로 넘긴다.

07 가랑이 밑쪽의 밑둘레 시접만 당겨서 다리미로 늘려 준다.

주 : 밑둘레에 스티치를 하는 경우만 늘려 준다.

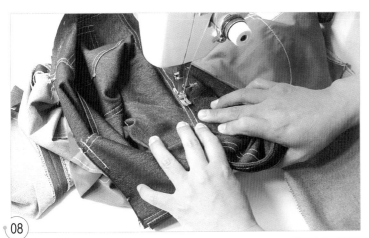

08 겉쪽에서 0.1cm
와 0.7cm에 두
줄 스티치한다.

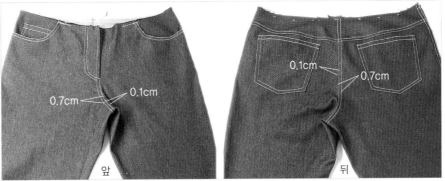

0.7cm   0.1cm

앞

0.1cm   0.7cm

뒤

9. 허리 벨트와 벨트 고리를 만들어 단다.

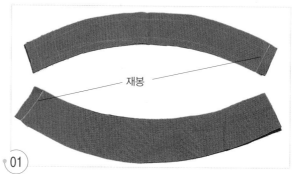

재봉

01 겉 허리 벨트와 안 허리 벨트의 뒤 중심선을 박는다.

02 뒤 중심선의 시접을 가른다.

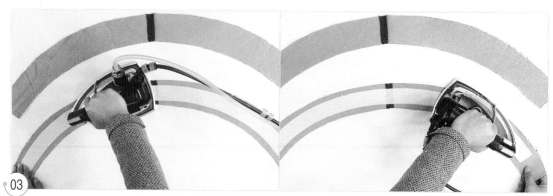

03 겉 허리 벨트의 이면에 벤놀 심지를 붙인다(허리 벨트가 곡선이므로 뒤 중심에서 시작해 좌우로 붙인다).

04 앞 중심선과 옆선, 벨트 고리 다는 위치에 표시를 한다.

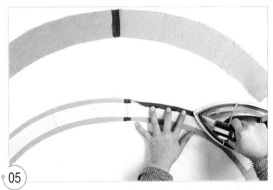

05 겉 허리 벨트의 밑쪽 시접을 심지 끝에서부터 접는다.

06 겉 허리 벨트의 허리선 쪽에 1cm 폭의 늘림 방지 접착 테이프를 붙인다.

07 겉 허리 벨트와 안 허리 벨트를 표시끼리 맞추어 핀으로 고정시킨다.

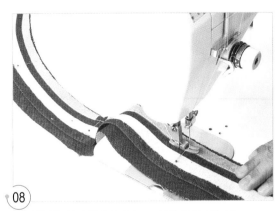

08 허리선 쪽 심지 끝에서 0.1cm 시접 쪽을 박는다.

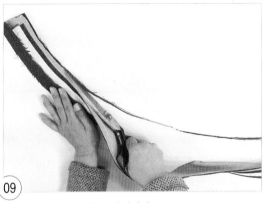

09 시접을 0.5cm 남기고 잘라낸다.

10 시접을 박은 선에서 두 장 함께 접는다.

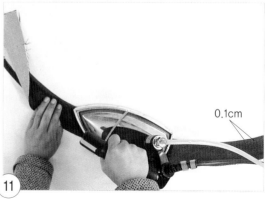

0.1cm

11 안 허리 벨트를 0.1cm 차이나게 다리미로 정리한다.

1cm

12 안 허리 벨트의 밑쪽 시접을 1cm 남기고 잘라낸다.

13 겉 허리 벨트 표면에 앞 중심, 옆선, 벨트 고리 다는 위치를 표시한다.

14 겉 허리 벨트 끝에 맞추어 안 허리 벨트에 표시를 한다.

안 허리 벨트(이면)

겉 허리 벨트(이면)

뒤
(이면)

15 바지 몸판의 이면과 안 허리 벨트의 표면을 마주 대어
표시를 맞추고 핀으로 고정시킨다.

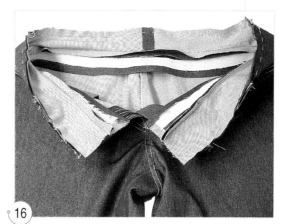

16 시침질로 고정시킨다.

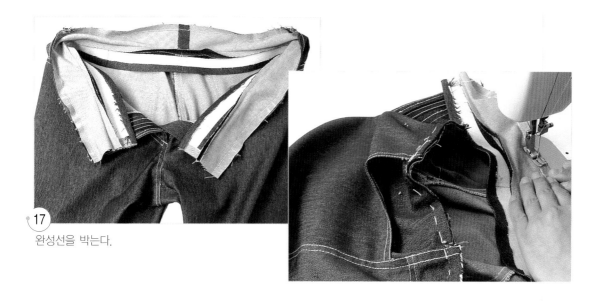

17 완성선을 박는다.

18 허리 벨트를 겉끼리 마주 대어 벨트 끝 양옆을 박는다.

19 시접을 벨트 쪽으로 넘기고 핀으로 고정시킨다.

20 2.5cm 폭으로 길게 자른 벨트 고리 천의 시접을 중앙으로 접는다.

21 반으로 접는다(너비 0.2cm).

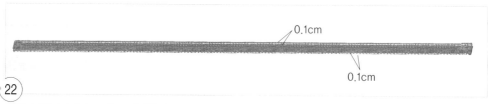

0.1cm

0.1cm

22 양쪽 가장자리 0.1cm에 스티치한다.

23

6.5cm 길이로 5개를 자른다.

24

벨트 고리 다는 위치에 맞추어 벨트 사이에 끼우고 핀으로 고정시킨 다음 시침
질로 고정시킨다.

앞

뒤

25

0.1cm로 허리 벨트 주위를 스티치한다.

26 벨트 고리를 허리선 쪽으로 접어 올리고 허리선에서 0.3cm 차이나게 맞추어 0.5cm를 되박음질로 고정시킨다.

27 벨트 고리를 되박음질한 곳에서 송곳으로 누르고 접어 올린다.

28 벨트 고리를 젖히고 안쪽에서 허리선 0.1cm에 되박음질로 고정시킨다.

10. 단 처리를 한다.

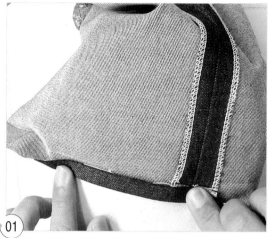

01 밑단 시접을 미리 접어두었던 완성선에 맞추어 한 번 접는다.

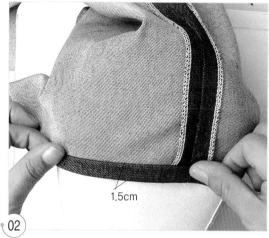

1.5cm

02 완성선에서 다시 한 번 접는다.

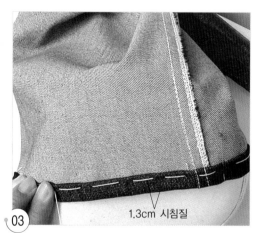

1.3cm 시침질

03 시침질로 고정시킨다.

04 밑아래 선 쪽부터 겉쪽에서 1.4cm 폭으로 스티치한다.

11. 단춧구멍을 만들고 단추를 단다.

01 앞 오른쪽 허리 벨트 끝에서 1.2cm 안쪽에 단춧구멍을 만들고 앞 왼쪽 허리 벨트의 낸 단분에 단추 다는 위치를 맞추어 단추를 단다.

12. 마무리 다림질을 하여 완성한다.

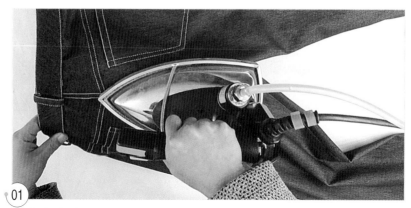

01 밑위 선 위쪽은 프레스 볼에 끼워서 다림질한다.

02 밑아래 선은 편편한 곳에서 마무리 다림질한다.

반바지   Jamaica Pants...

■ ■ ■ **P.A.N.T.S**

스타일 ● ● ● 대퇴부 중간 정도 길이
의 팬츠로 여름철 리조트용으
로 착용되는 일이 많다.
밑단 쪽에 카브라를 만들면 깜
찍하면서도 고급스런 느낌을
준다.
자메이카 팬츠는 카리브 해안
의 자메이카 섬을 찾는 휴양객들이 즐겨 입는 데서 붙여진 호칭이다.

소 재 ● ● ● 두꺼운 것은 피하고 얇고 탄력 있는 울이나 화섬 등의 스트라이프 또는
체크 무늬가 좋으나 연령에 따라서는 무지를 선택하는 것이 좋다.

포인트 ● ● ● 커브 벨트 만드는 테크닉과 카브라 만드는 법, 안감을 넣는 법을 습득하
는 것이 중요하다.

주 의 반바지에는 거의 안감을 넣지 않지만 긴바지에 안감을 넣을 경우를 생각해 참
고로 반바지에서 안감을 넣어 설명하였다.

앞 중심　　　　　　　　옆선　　　　　　　　뒤 중심

3

3 ———— W/4 ————　　　———— W/4 ————

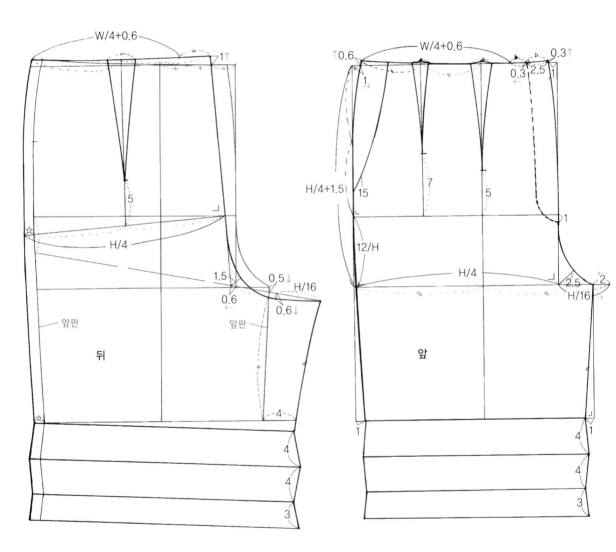

W/4+0.6　　　　　　　1↑

5

H/4

1.5　　0.5↓

0.6　　H/16

앞판　　　　　0.6↓

앞판

뒤

4

4

4

3

↑0.6　　　W/4+0.6　　　0.3↑

0.3　2.5　1

1

H/4+1.5　15　7　5

1

12/H

H/4　　2.5　2

H/16

앞

1

4　1

4

3

재단법 • • •

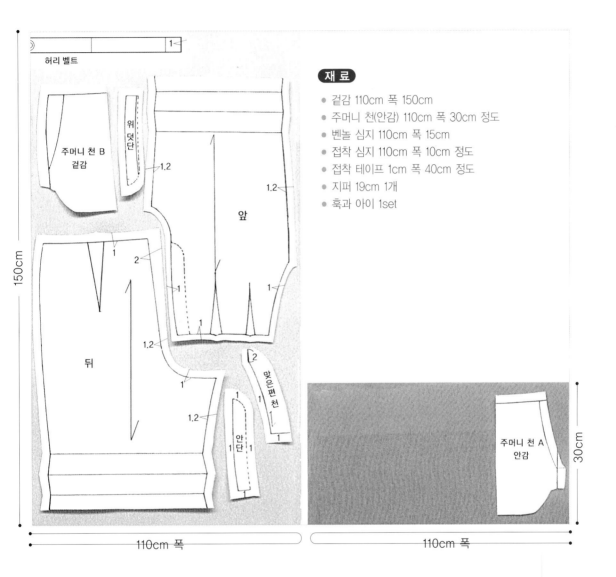

허리 벨트 1

주머니 천 B
겉감

위 덧단 1.2

앞 1.2

1
2
1.2
1
뒤
1.2
1

1
맞은편 천
2
1

안단 1
1

주머니 천 A
안감

150cm

110cm 폭

110cm 폭

30cm

재료

- 겉감 110cm 폭 150cm
- 주머니 천(안감) 110cm 폭 30cm 정도
- 벤놀 심지 110cm 폭 15cm
- 접착 심지 110cm 폭 10cm 정도
- 접착 테이프 1cm 폭 40cm 정도
- 지퍼 19cm 1개
- 훅과 아이 1set

1. 표시를 한다.

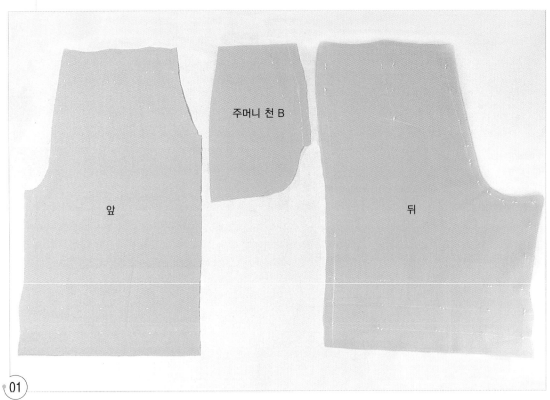

주머니 천 B

앞

뒤

01 앞뒤 몸판과 주머니 천 B에 실표뜨기로 표시를 한다.

2. 접착 심지와 접착 테이프를 붙인다.

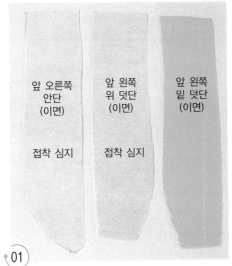

앞 오른쪽
안단
(이면)

앞 왼쪽
위 덧단
(이면)

앞 왼쪽
밑 덧단
(이면)

접착 심지   접착 심지

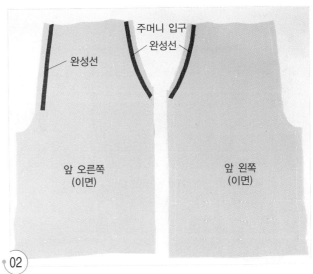

주머니 입구

완성선

완성선

앞 오른쪽
(이면)

앞 왼쪽
(이면)

01 앞 오른쪽 안단과 위 덧단에 접착 심지를 붙인다.

02 앞 주머니 입구와 앞 오른쪽 지퍼 다는 곳에 1cm 폭의 늘림 방지용 접착 테이프를 붙인다.

3. 커브 벨트를 만든다.

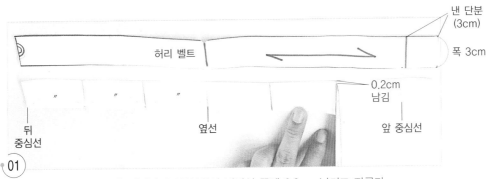

허리 벨트

낸 단분
(3cm)

폭 3cm

0.2cm
남김

뒤
중심선

옆선

앞 중심선

01 직선 허리 벨트의 패턴을 옆선까지 3등분하여 허리선 쪽에 0.2cm 남기고 자른다.

옆선

0.3cm 벌림

02 0.3cm씩 벌려서 스카치 테이프를 붙여 고정시킨다.

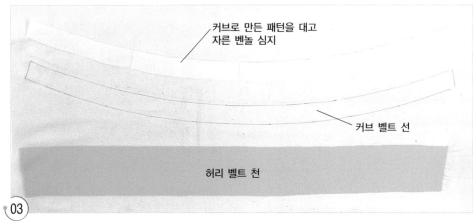

커브로 만든 패턴을 대고
자른 벤놀 심지

커브 벨트 선

허리 벨트 천

03 다리미 판에 커브 벨트의 모양을 그린다.

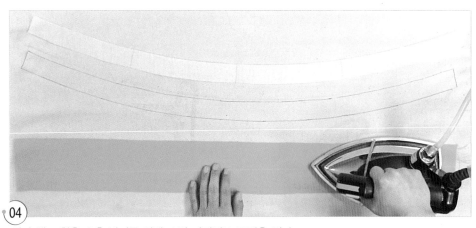

04 허리 벨트 천을 수축 방지를 겸해 스팀 다림질로 구김을 펴다

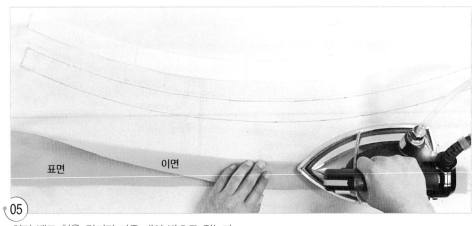

표면　　　이면

05 허리 벨트 천을 겉끼리 마주 대어 반으로 접는다.

06

다리미 판에 그려져 있는 커브 벨트 모양에 얹어 곡선을 따라 다리미로 늘려 커브 모양대로 늘린다.

※ 뒤 중심선에서 시작해 왼쪽을 늘리고 다시 뒤 중심선에서 시작해 오른쪽을 늘린다.

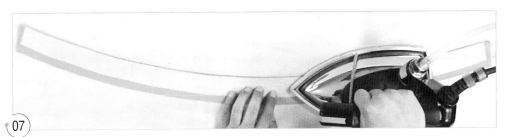

07

벤놀 심지를 얹어 커브 모양대로 붙인다.

08

허리선 위쪽에 1cm 폭의 늘림 방지용 세로 접착 테이프를 붙인다.

09

겉 허리 벨트의 밑쪽 시접을 심지 끝에서 접는다.

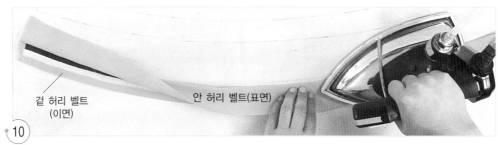

겉 허리 벨트
(이면)

안 허리 벨트(표면)

⑩ 안 허리 벨트를 심지 끝에서 접는다.

겉 허리 벨트(표면)

⑪ 겉 허리 벨트의 표면에 패턴을 올려 놓고 표시를 한다.

안 허리 벨트(이면)

겉 허리 벨트(표면)

⑫ 겉 허리 벨트의 끝에 맞추어 안 허리 벨트의 완성선을 표시한다.

4. 주머니를 만들어 단다.

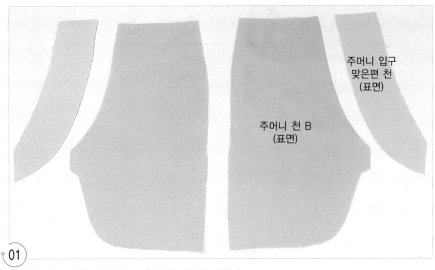

주머니 입구 맞은편 천
(표면)

주머니 천 B
(표면)

01 주머니 입구 맞은편 천과 주머니 천 B를 준비한다.

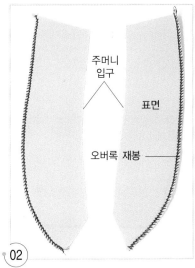

주머니
입구

표면

오버록 재봉

02 주머니 입구 맞은편 천에 겉쪽에서 오
버록 재봉을 한다.

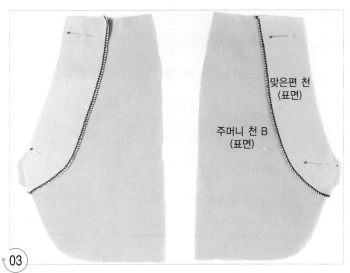

맞은편 천
(표면)

주머니 천 B
(표면)

03 주머니 천 B의 표면에 주머니 맞은편 천의 이면을 겹쳐 얹고 핀으로 고
정시킨다.

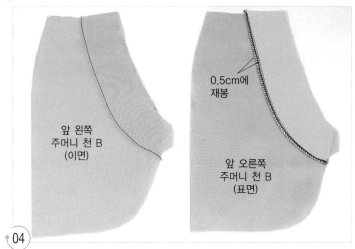

04

0.5cm에 재봉한다.

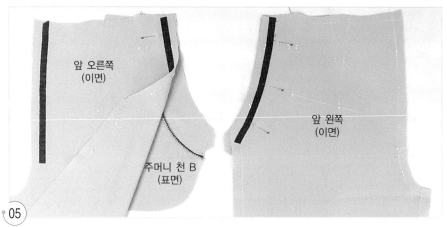

05 주머니 천 B와 겉끼리 마주 대어 겹쳐 얹고 주머니 입구를 맞추어 핀으로 고정시킨다.

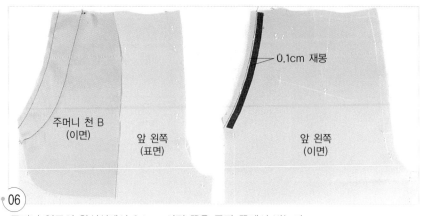

06

주머니 입구의 완성선에서 0.1cm 시접 쪽을 몸판 쪽에서 박는다.

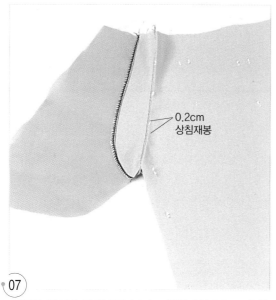

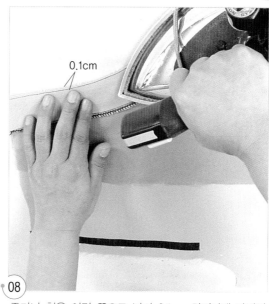

07 시접을 주머니 천 쪽으로 넘기고 겉쪽에서 0.2cm에 상
침재봉을 한다.

08 주머니 천을 이면 쪽으로 넘겨 0.1cm 차이나게 다리미
로 정리한다.

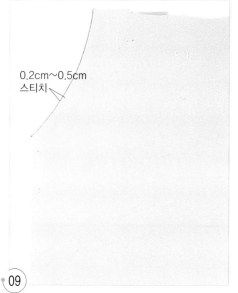

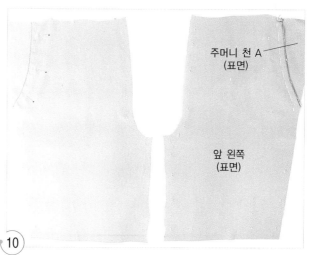

09 주머니 입구에 겉쪽에서 0.2~0.5cm에 스티치
한다.

10 주머니 천 A의 표면에 겹쳐 얹고 핀으로 고정시킨 다음 시침질
로 고정시킨다.

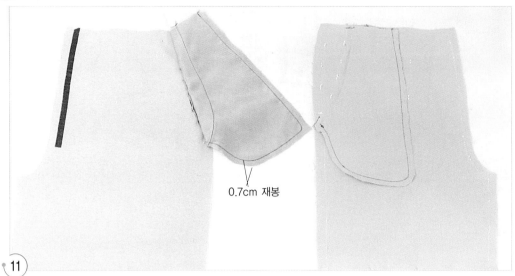

0.7cm 재봉

11 주머니 천 A와 B를 마주 대어 맞추고 주머니 주위를 박는다.

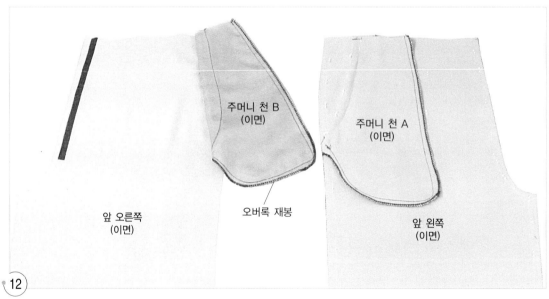

주머니 천 B
(이면)

주머니 천 A
(이면)

앞 오른쪽
(이면)

오버록 재봉

앞 왼쪽
(이면)

12 주머니 주위 시접을 두 장 함께 오버록 재봉을 한다.

5. 오버록 재봉을 한다.

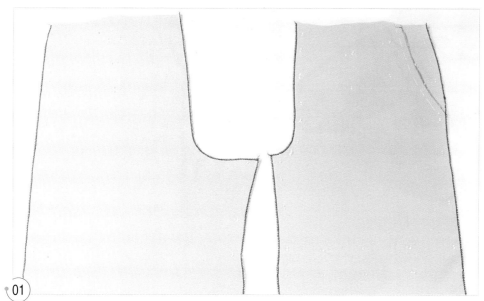

앞뒤 옆선과 밑위 선, 밑아래 선에 오버록 재봉을 한다.

위 덧단
(이면)

위 덧단과 밑 덧단을 겉끼리
마주 대어 곡선 부분을 박는다.

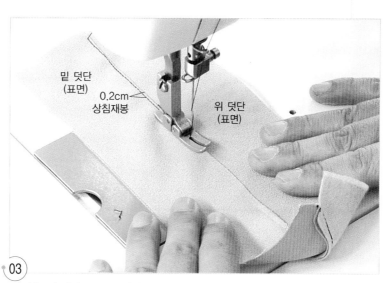

밑 덧단
(표면)

0.2cm
상침재봉

위 덧단
(표면)

시접을 밑 덧단 쪽으로 넘기고 겉쪽에서 0.2cm에 상침재봉한다.

0.1cm

04 겉으로 뒤집어서 밑 덧단을 0.1cm 차이나게 다리미로
정리한다

위 덧단
(표면)

오버록
재봉

05 덧단의 시접에 두 장 함
께 오버록 재봉을 한다.

안단
(표면)

오버록
재봉

06 안단의 곡선 부분에 오버
록 재봉을 한다.

6. 지퍼를 단다.

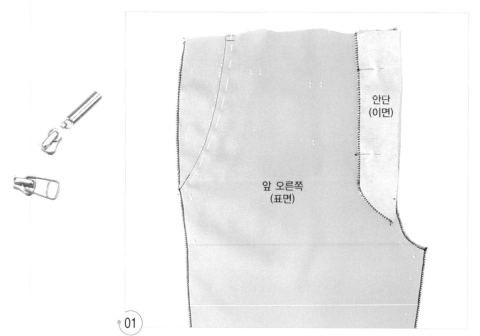

안단
(이면)

앞 오른쪽
(표면)

01 앞 오른쪽 지퍼 다는 곳에 안단을 겉끼리 마주 대어 핀으로 고정시킨다.

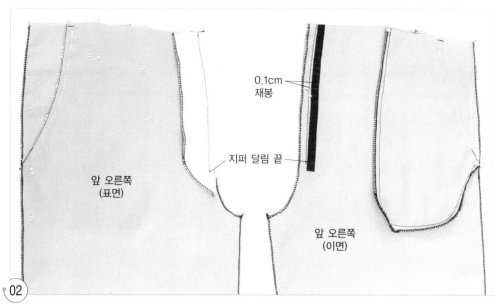

02

완성선에서 0.1cm 시접 쪽을 지퍼 달림 끝까지 박는다.

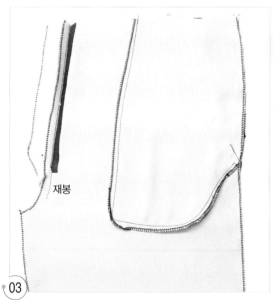

03

좌우 앞 몸판을 겉끼리 마주 대어 밑위 선의 표시를 맞추고, 지퍼 달림 끝에서 밑위 커브 선의 중간까지 박는다.

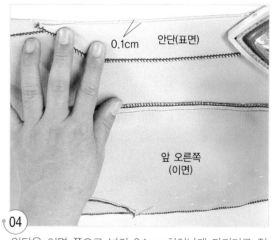

04

안단을 이면 쪽으로 넘겨 0.1cm 차이나게 다리미로 정리한다.

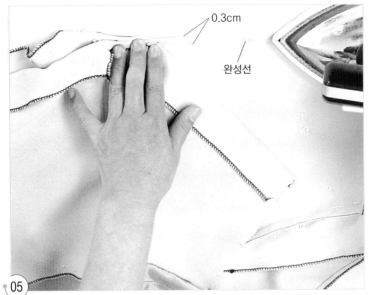

0.3cm

완성선

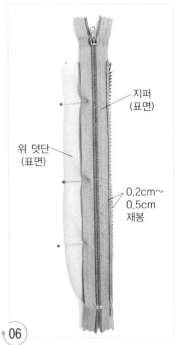

지퍼
(표면)

위 덧단
(표면)

0.2cm~
0.5cm
재봉

05 앞 왼쪽 지퍼 다는 곳의 시접을 완성선에서 0.3cm 내어 접는다.

06 지퍼의 이면을 위 덧단의 표면 위에 겹쳐 얹고 지퍼 테이프 끝을 박는다.

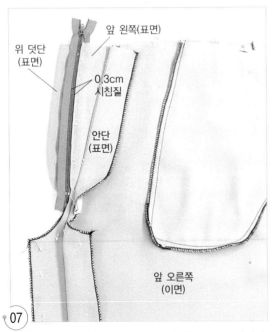

위 덧단
(표면)

앞 왼쪽(표면)

0.3cm
시침질

안단
(표면)

앞 오른쪽
(이면)

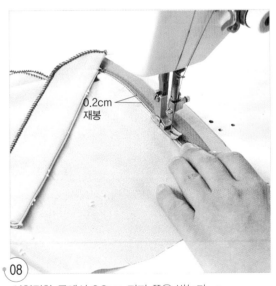

0.2cm
재봉

07 지퍼의 표면 위에 겹쳐서 완성선에 시침질로 고정시킨다.

08 시침질한 곳에서 0.2cm 지퍼 쪽을 박는다.

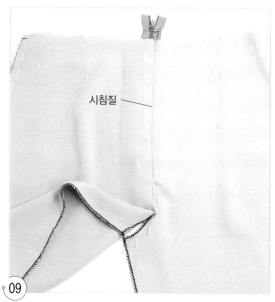

09 앞 오른쪽을 앞 왼쪽 완성선에 맞추어 얹고 시침질로 고정시킨다.

시침질

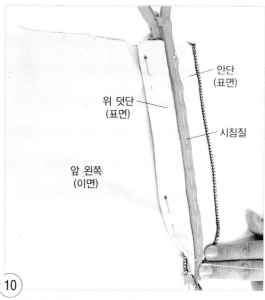

10 앞 왼쪽을 덧단과 함께 젖히고 안단과 지퍼만을 시침질로 고정시킨다.

안단
(표면)

위 덧단
(표면)

시침질

앞 왼쪽
(이면)

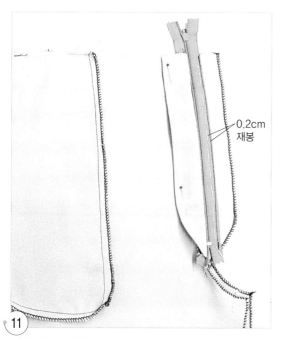

11 안단과 지퍼만을 겹쳐 지퍼 테이프 끝을 박는다.

0.2cm
재봉

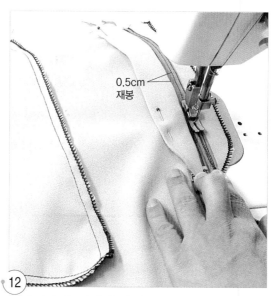

12 지퍼 가까이를 다시 한 번 박는다.

0.5cm
재봉

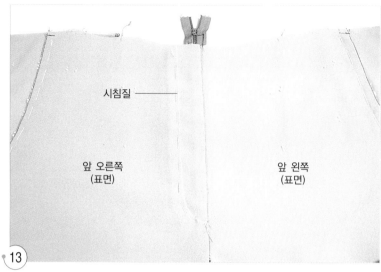

시침질 ────

앞 오른쪽
(표면)

앞 왼쪽
(표면)

(13) 덧단을 젖힌 상태로 앞 오른쪽을 안단에 겹쳐 스티치 폭에서 0.1cm 나가 시침
질로 고정시킨다.

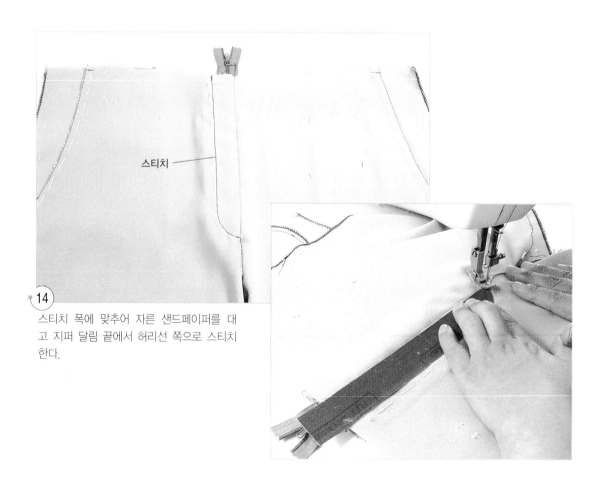

스티치 ────

(14) 스티치 폭에 맞추어 자른 샌드페이퍼를 대
고 지퍼 달림 끝에서 허리선 쪽으로 스티치
한다.

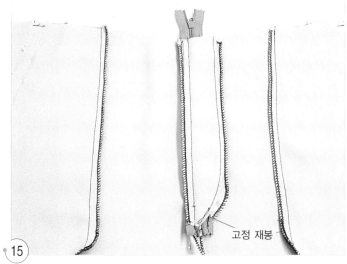

고정 재봉

15 덧단과 안단만 겹쳐서 지퍼 달림 끝 밑쪽에 고정 재봉을 한다.

7. 앞뒤 다트를 박는다.

01 앞뒤 다트를 모두 박고 다트 끝 실을 묶은 다음 1cm 남기고
잘라낸다.

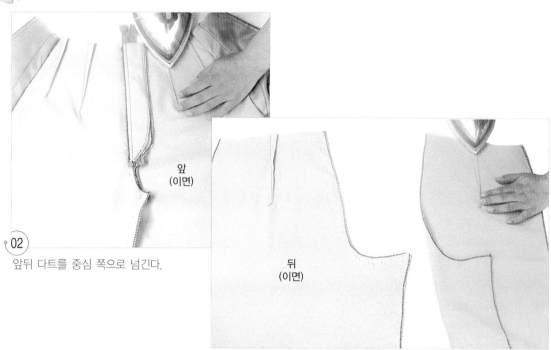

앞
(이면)

뒤
(이면)

02 앞뒤 다트를 중심 쪽으로 넘긴다.

8. 옆선을 박는다.

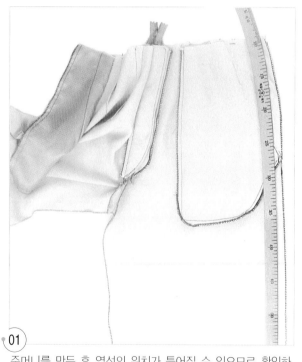

01 주머니를 만든 후 옆선의 위치가 틀어질 수 있으므로 확인하여 수정한다.

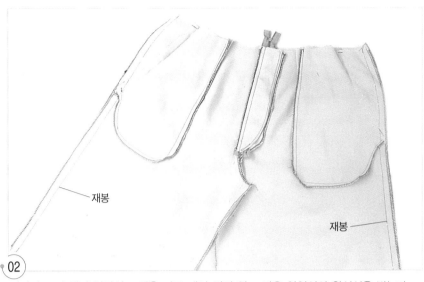

02 뒤판의 표면 위에 앞판의 표면을 마주 대어 겹쳐 얹고 좌우 양옆선의 완성선을 박는다.

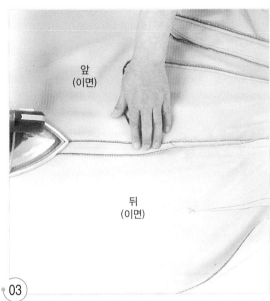

앞
(이면)

뒤
(이면)

03 옆선의 시접을 가른다.

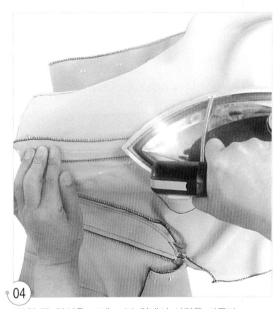

04 밑위 쪽 옆선은 프레스 볼 위에서 시접을 가른다.

9. 밑아래 선과 밑위 선을 박는다.

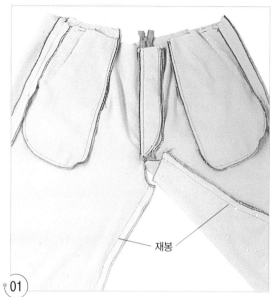

재봉

01 밑아래 선의 앞뒤 판의 표시를 각각 맞추고 박는다.

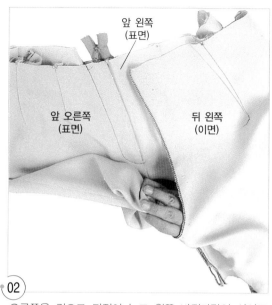

앞 왼쪽
(표면)

앞 오른쪽
(표면)

뒤 왼쪽
(이면)

02 오른쪽을 겉으로 뒤집어 놓고 왼쪽 바짓가랑이 사이로 빼낸다.

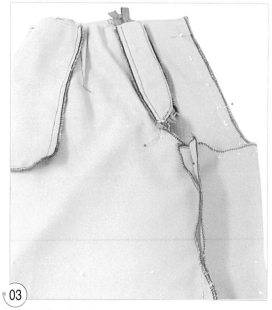

03 밑위 선을 맞추어 핀으로 고정시킨다.

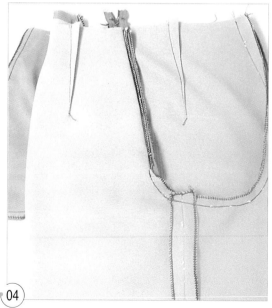

04 뒤 중심선부터 밑위 선의 완성선을 박기 시작하여 앞 밑위 커브의 남은 부분까지 박고, 그 상태로 박은 곳을 뒤 중심의 1/3 위치까지 다시 한 번 박는다(곡선 부분).

10. 단 처리를 한다.

01 겉쪽에서 밑단 선에 오버록 재봉을 한다.

오버록
재봉

0.7cm
시침질

02 밑단의 중간에 표시한 선에서 접어 올려 0.7cm에 시침
질로 고정시킨다.

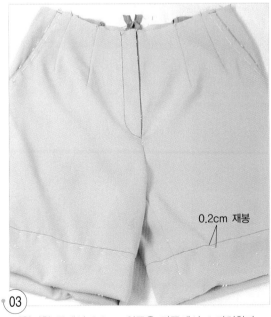

0.2cm 재봉

03 시침질한 곳에서 0.2cm 위쪽을 겉쪽에서 스티치한다.

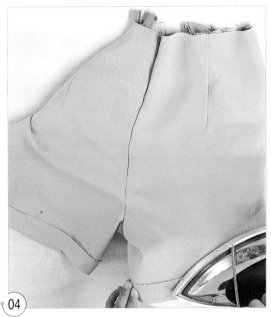

04 완성선에서 접어 올려 카브라를 만든다.

05

옆선, 안쪽 선, 앞뒤 중심에 0.5cm 정도 바늘땀에 걸어 속감치기로 고정시킨다.

11. 안감을 만든다.

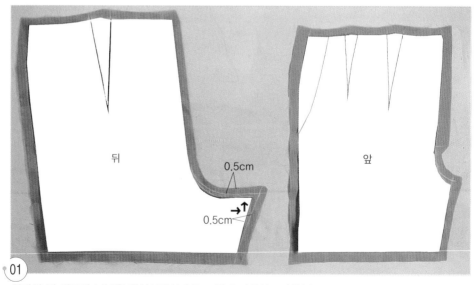

뒤

0.5cm

0.5cm

앞

01

안감의 뒤 밑둘레 부분을 완성선에서 0.5cm씩 추가하여 표시한다.

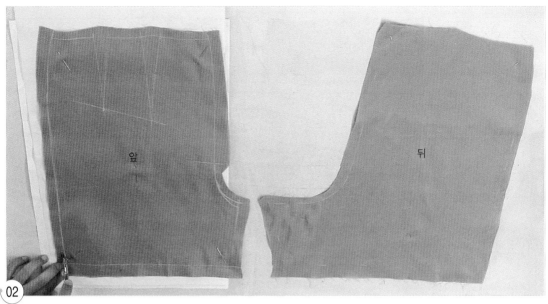

02
편면 초크 페이퍼의 위에 얹어 초크 표시선을 룰렛으로 눌러 표시한다.

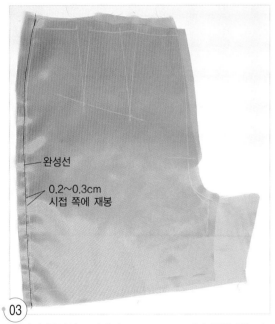

완성선

0.2~0.3cm
시접 쪽에 재봉

03
옆선의 완성선 표시에서 0.2~0.3cm 시접 쪽을 박는다.

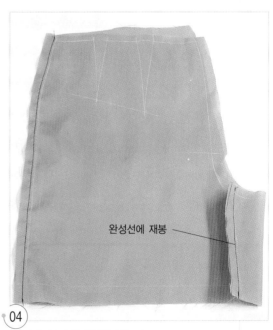

완성선에 재봉

04
밑아래 선의 완성선을 박는다.

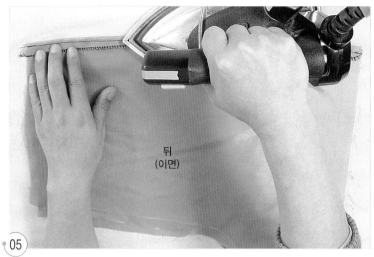

뒤
(이면)

05 옆선의 시접을 완성선에서 뒤쪽으로 접어 넘긴다.

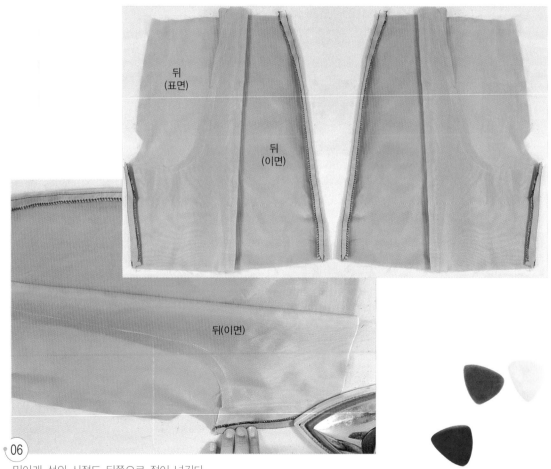

뒤
(표면)

뒤
(이면)

뒤(이면)

06 밑아래 선의 시접도 뒤쪽으로 접어 넘긴다.

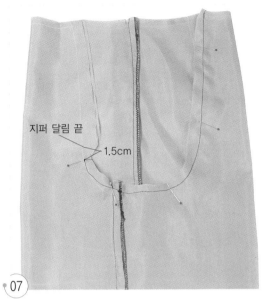

07

밑위 선을 지퍼 달림 끝에서 1.5cm 내린 위치까지 박는 다.

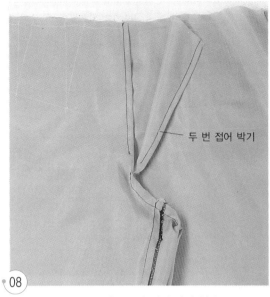

08

지퍼 다는 곳의 시접을 두 번 접어 박기 한다.

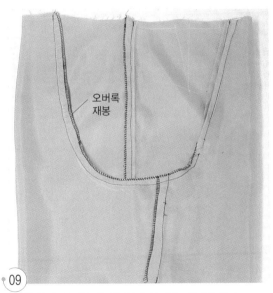

09

밑위 선의 시접을 두 장 함께 오버록 재봉을 한다.

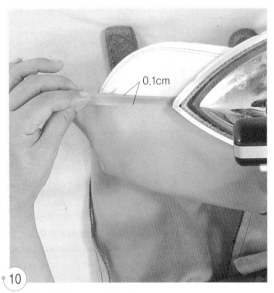

10

밑단의 시접을 1cm 접는다.

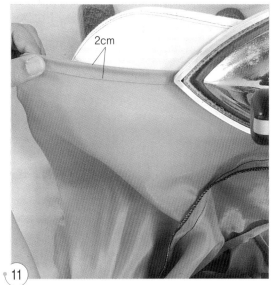

11 밑단의 시접 2cm를 다시 한 번 접는다.

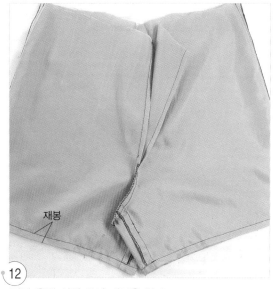

재봉

12 접어 올린 시접 끝에 재봉을 한다.

12. 허리 벨트를 단다.

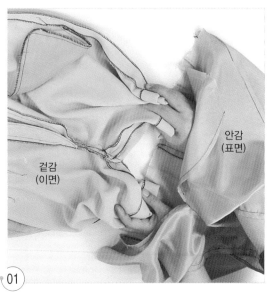

겉감
(이면)

안감
(표면)

01 안감을 겉으로 뒤집고 양쪽 가랑이 사이로 겉감을 빼낸다.

02 뒤 중심, 양옆선, 앞 중심, 다트를 접은 상태로 허리선의 표시를 맞추어 핀을 꽂고 홈질로 고정시킨다.

03 안감의 표면과 안 허리 벨트의 표면을 마주 대어 표시를 맞추어 핀을 꽂고 시침질로 고정시킨다.

안 허리 벨트 (이면)

안감 (표면)

겉감 (이면)

04 완성선을 박는다.

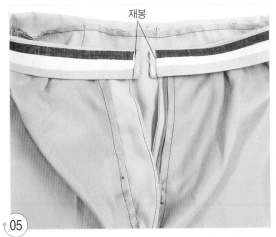

05 겉끼리 마주 대어 허리 벨트 끝의 양옆을 박는다.

재봉

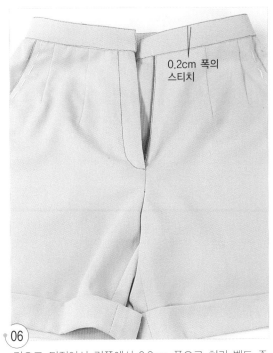

06 겉으로 뒤집어서 겉쪽에서 0.2cm 폭으로 허리 벨트 주위를 스티치한다.

0.2cm 폭의 스티치

13. 실 루프로 겉감과 안감을 연결한다.

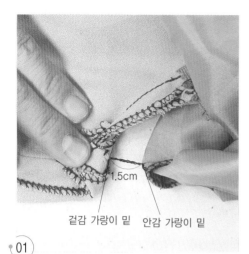

1.5cm

겉감 가랑이 밑   안감 가랑이 밑

01

가랑이 밑의 겉감과 안감을 1.5cm의 실 루프를
만들어 연결한다.

1cm의
실 루프

02

지퍼 단 위치의 중간과 지퍼 달림 끝 위치에 1cm의 실 루프를
만들어 연결한다.

4cm 실 루프

03

옆선과 밑아래 선의 단 쪽에 4cm의 실 루프를 만들어 연결한다.

14. 훅과 아이를 단다.

01
앞 오른쪽의 안 허리 벨트 끝에서 0.5cm 들어간 곳에 버튼홀 스티치로 심지
까지 떠서 훅을 달고 지퍼를 올려 아이 다는 위치를 표시한 다음, 0.3cm 옆
선 쪽으로 이동한 위치에 심지까지 떠서 아이를 단다.

15. 마무리 다림질을 하여 완성한다.

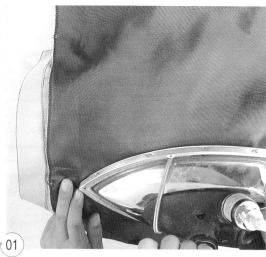

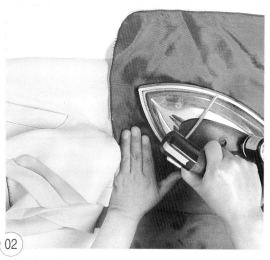

01
밑위 쪽은 프레스 볼에 끼워 다림질 천을 얹고 스팀 다
림질한다.

02
밑아래 쪽은 편편한 다리미 판 위에서 다림질 천을 얹
고 스팀 다림질을 한다.

큐롯 Culotte...

  ● ● ● 스커트처럼 보이나 바지처럼 가랑이 밑이 갈라지고 활동적이며 실루엣도 스커트와 같은 스타일이다.

큐롯이란 프랑스 어인 반바지로, 큐롯 스커트라고 하는 명칭은 프랑스 어와 영어가 합쳐진 말로 영어로는 디바디드 스커트(divided skirt)라고 한다. 부인용 승마 스커트로 고안된 스포츠용의 스커트였지만 최근에는 소재의 선택에 따라서 캐주얼에서 포멀 웨어로까지 광범위하게 착용할 수 있다.

  ● ● ● 촘촘하게 짜여진 탄력성 있는 천이 적합하다.

  ● → ●

① 가랑이 밑은 앞뒤의 패턴을 밑아래 선끼리 마주 대어 연결 상태가 자연스러운가를 체크하는 것이 중요하다.

② 앞 오른쪽의 안단을 따로 재단하지 않고 몸판과 연결된 상태로 재단하여 접어 넘기는 것이 일반 바지의 경우와 다른 점이다.

제도법

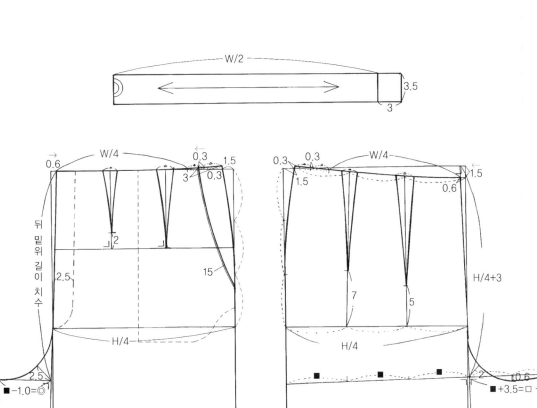

W/2

3.5

3

0.6 W/4 0.3 1.5

3 0.3

뒤 밑위 길이 치수

2

2.5

15

2.5

■ −1.0=◎

H/4

앞

0.3 0.3 W/4 1.5

1.5 0.6

H/4+3

7 5

H/4

2 0.6

■ +3.5=□

뒤

□

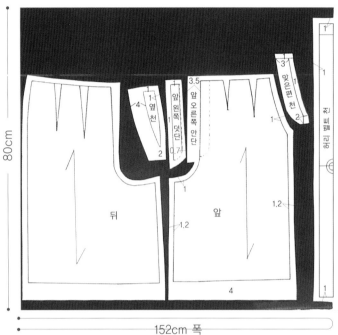

재 료

- 겉감 152cm 폭 80cm
- 주머니 천(T/C) 110cm 폭 25cm
- 벨트 심지 3.5cm 폭 75cm 정도
  (허리 둘레 치수+3cm)
- 접착 테이프 1cm 폭 40cm 정도
- 지퍼 19cm 1개
- 훅과 아이 1set

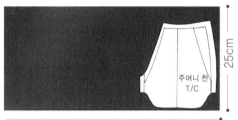

주머니 천
T/C

1. 표시를 한다.

주머니 입구
옆 천
(이면)

앞
(이면)

뒤
(이면)

01

앞판, 뒤판, 주머니 입구 옆 천의 완성선에 실표뜨기로 표시를 한다.

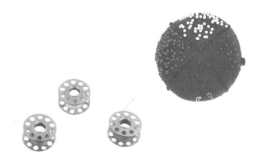

2. 접착 심지, 접착 테이프, 벤놀 심지를 붙인다.

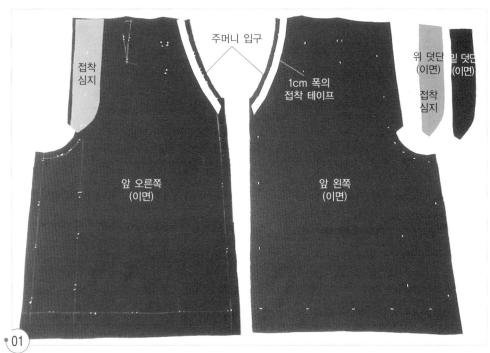

01 앞 오른쪽 지퍼 다는 곳의 안단과 왼쪽 위 덧단에 접착 심지를 붙이고, 주머니 입구에 늘림 방지 접착 테이프를 붙인다.

02 허리 벨트 천을 수축 방지를 겸해 스팀 다림질하여 구김을 편다.

03 겉 허리 벨트의 이면에 3cm 폭의 벤놀 심지를 붙인다.

3. 허리 벨트를 만든다.

01 앞 중심, 옆선, 뒤 중심선 위치에 표시를 한다.

02 겉 허리 벨트의 시접을 심지 끝에서 접는다.

03 안 허리 벨트에도 앞 중심, 옆선, 뒤 중심선 위치에 표시를 한다.

안 허리 벨트(표면)

겉 허리 벨트(이면)

04 안 허리 벨트를 접는다.

05 안 허리 벨트의 시접을 1cm 남기고 잘라낸다.

| 앞 오른쪽 중심선 | 오른쪽 옆선 | 뒤 중심 옆선 | 왼쪽 옆선 | 앞 왼쪽 중심선 |

06 앞 중심, 옆선, 뒤 중심의 표시를 겉 허리 벨트의 밑쪽 표면에 표시를 한다.

4. 주머니를 만들어 단다.

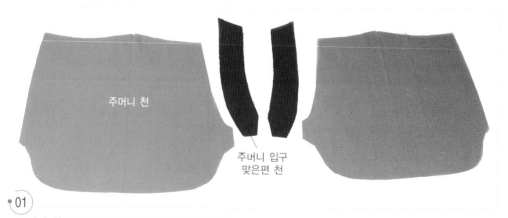

주머니 천

주머니 입구 맞은편 천

01 주머니 천과 주머니 입구 맞은편 천을 준비한다.

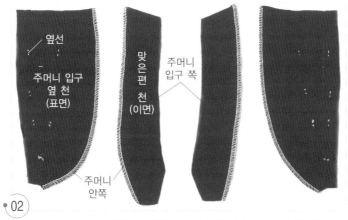

02

주머니 입구 옆 천과 맞은편 천의 주머니 안쪽에 오버록 재봉을 한다.

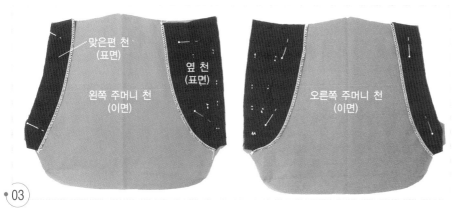

03

주머니 천에 주머니 입구 옆 천과 맞은편 천을 겹쳐 얹고 핀으로 고정시킨다.

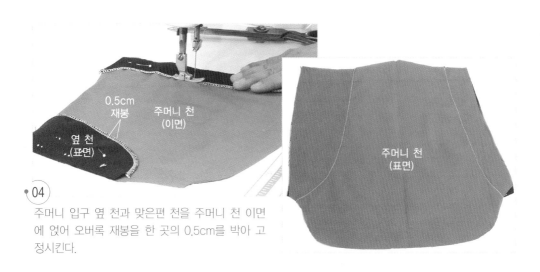

04

주머니 입구 옆 천과 맞은편 천을 주머니 천 이면에 얹어 오버록 재봉을 한 곳의 0.5cm를 박아 고정시킨다.

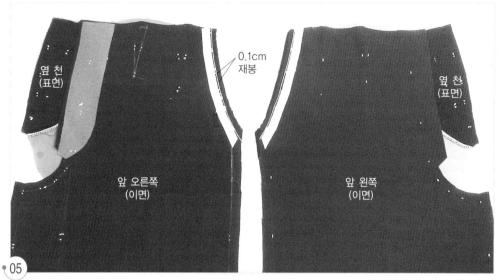

05 04에서 만든 주머니 천에 앞 몸판의 표면을 마주 대어 주머니 입구의 완성선에서 0.1cm 시접 쪽을 박는다.

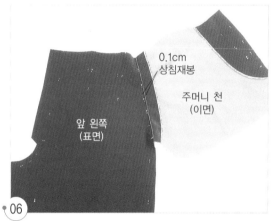

06 시접을 주머니 쪽으로 넘기고 0.2cm에 상침재봉을 한다.

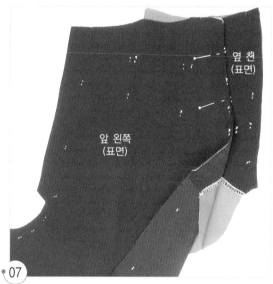

07 주머니 입구 옆 천의 완성선에 맞추어 얹고 핀으로 고징시킨다.

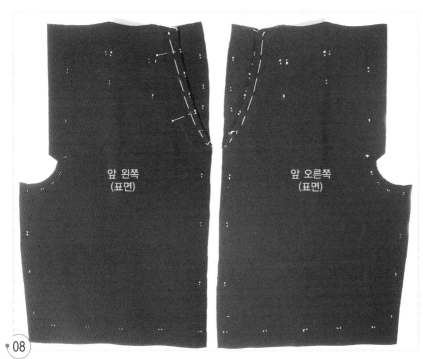

08 주머니 입구를 시침질로 고정시킨다.

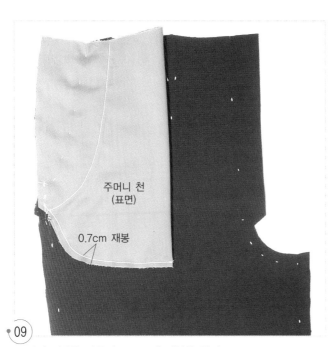

09 주머니 밑쪽을 맞추어 0.7cm에 재봉을 한다.

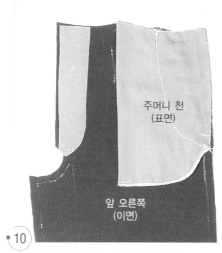

주머니 천
(표면)

앞 오른쪽
(이면)

앞 오른쪽
(표면)

오버록
재봉

10 주머니 밑쪽 시접에 오버록 재봉을 한다.

5. 오버록 재봉을 한다.

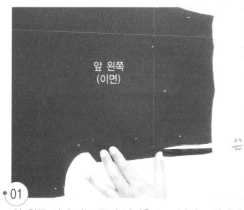

앞 왼쪽
(이면)

01 앞 왼쪽 지퍼 다는 곳의 시접을 1cm 남기고 잘라낸
다.

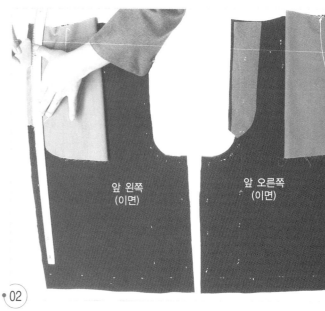

앞 왼쪽
(이면)

앞 오른쪽
(이면)

02 주머니 완성 후 주머니 천의 옆선 위치가 차이질 수 있으므
로 확인하여 수정한다.

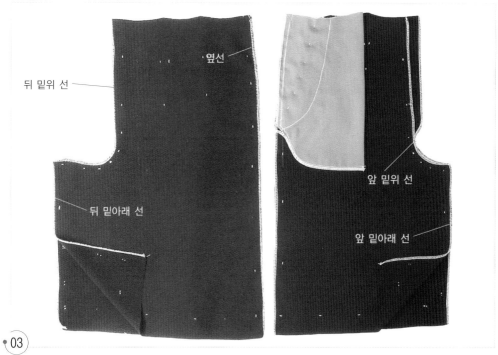

옆선

뒤 밑위 선

앞 밑위 선

뒤 밑아래 선

앞 밑아래 선

03
앞뒤 판의 옆선과 밑아래 선, 밑위 선에 오버록 재봉을 한다.

6. 다트를 박는다.

01
앞뒤 허리 다트를 박고, 다트 끝의 실을 여유가 없이 끝에서 묶은 다음 실을 1cm 남기고 잘라낸다.

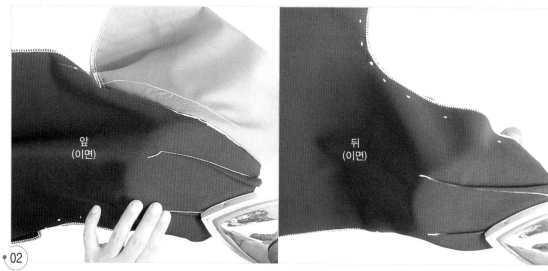

02

앞뒤 다트 시접을 각각 중심 쪽으로 넘긴다.

7. 옆선을 박는다.

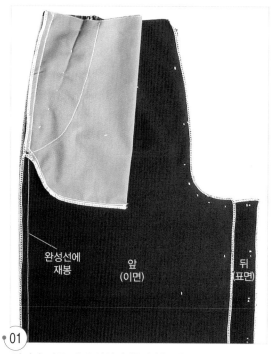

완성선에
재봉

앞
(이면)

뒤
(표면)

01

겉끼리 마주 대어 옆선의 완성선을 박는다.

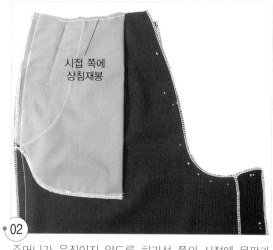

시접 쪽에
상침재봉

02

주머니가 움직이지 않도록 허리선 쪽의 시접에 몸판과
함께 박아 고정시킨다.

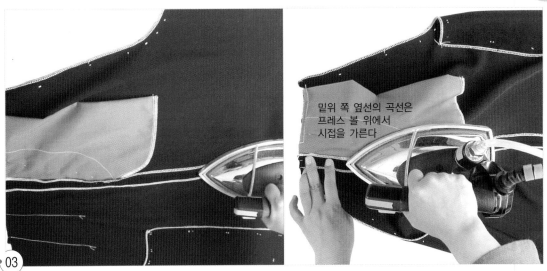

밑위 쪽 옆선의 곡선은
프레스 볼 위에서
시접을 가른다

03
옆선의 시접을 가른다.

8. 밑아래 선을 박는다.

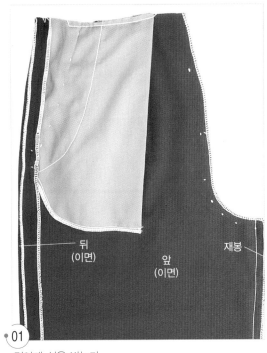

뒤
(이면)

앞
(이면)

재봉

01
밑아래 선을 박는다.

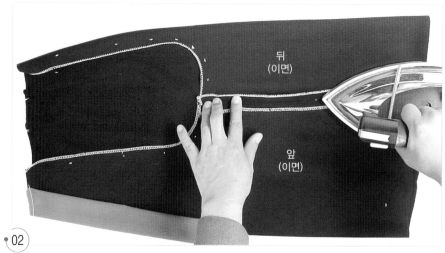

02

밑아래 선의 시접을 가른다.

9. 밑위 선을 박는다.

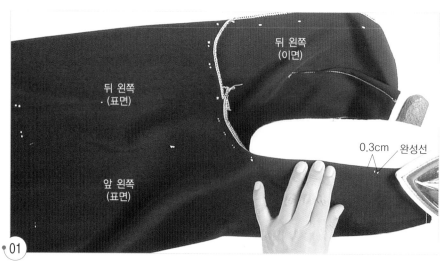

01

앞 왼쪽 지퍼 다는 곳의 완성선에서 0.3cm 시접을 내어 접는다.

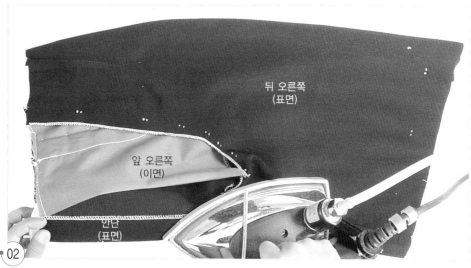

02 앞 오른쪽 지퍼 다는 곳의 안단을 이면 쪽으로 완성선에서 접는다.

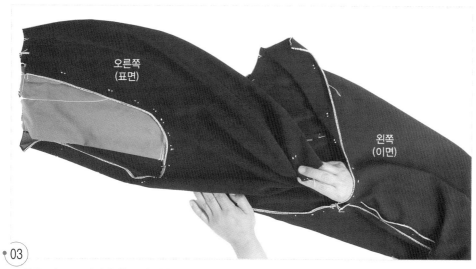

03 오른쪽 겉으로 뒤집어 왼쪽 바짓가랑이 사이로 빼낸다.

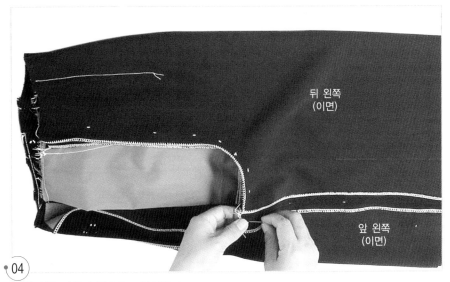

뒤 왼쪽
(이면)

앞 왼쪽
(이면)

04 밑위 선을 맞추어 핀으로 고정시킨다.

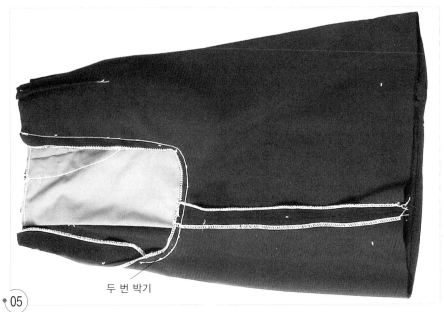

두 번 박기

05 뒤 중심선에서 앞 지퍼 달림 끝까지 밑위 선을 박고, 앞 지퍼 달림 끝에서 뒤 밑위의 중간까지를 다시 한 번 박는다.

10. 지퍼를 단다.

위 덧단
(이면)

01

지퍼 다는 곳의 덧단을 겉끼리
마주 대어 곡선 쪽 완성선을 박
는다.

0.2cm
상침재봉

밑 덧단
(이면)

위 덧단
(이면)

02

시접을 밑 덧단 쪽으로 넘기고
0.2cm에 상침재봉을 한다.

위 덧단
(표면)

오버록
재봉

03

겉으로 뒤집어서 위 덧단과 밑
덧단을 이면끼리 맞대어 두 장
함께 오버록 재봉을 한다.

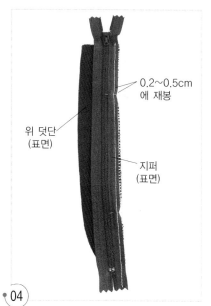

위 덧단
(표면)

0.2~0.5cm
에 재봉

지퍼
(표면)

04

위 덧단의 표면 위에 지퍼의 이면을 겹쳐
얹고 지퍼 테이프 끝쪽을 박아 고정시킨다.

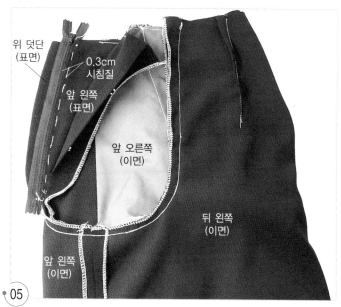

위 덧단
(표면)

0.3cm
시침질

앞 왼쪽
(표면)

앞 오른쪽
(이면)

뒤 왼쪽
(이면)

앞 왼쪽
(이면)

05

앞 왼쪽의 지퍼 다는 곳을 겹쳐서 완성선에 시침질로 고정시킨다.

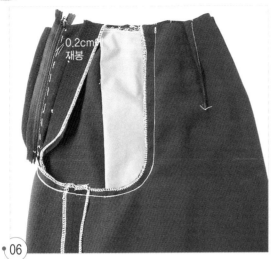

06 시침질한 곳에서 0.2cm 지퍼 쪽을 박는다.

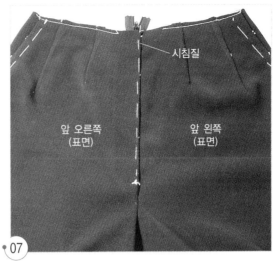

07 앞 오른쪽의 완성선을 왼쪽 완성선에 맞추고 시침질로 고정시킨다.

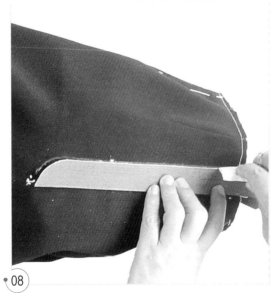

08 앞 오른쪽의 스티치 폭을 표시한다.

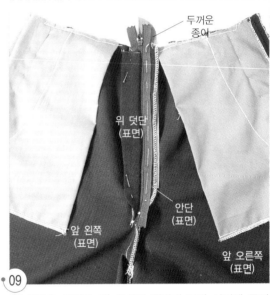

09 위 덧단을 젖히고, 앞 오른쪽 안단과 몸판 사이에 두꺼운 종이나 방안자를 끼워 안단과 지퍼만을 시침질로 고정시킨다.

10 안단에만 지퍼를 박아 고정시킨다.

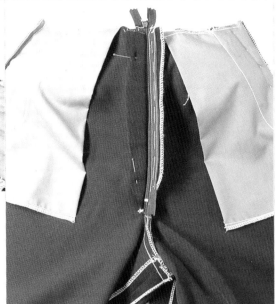

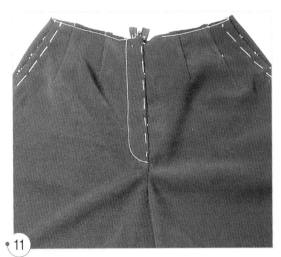

11 지퍼 달림 끝쪽에서 허리선 쪽에 왼쪽 덧단을 젖히고
스티치한다.

되박음질로
고정

12 안단과 덧단만을 겹쳐서 되박음질로 고정시킨다.

11. 허리 벨트를 단다.

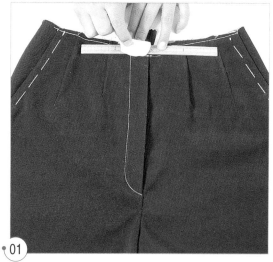

01

좌우 앞 중심의 허리 벨트 다는 위치가 틀어지지 않도록 초크로 표시를 한다.

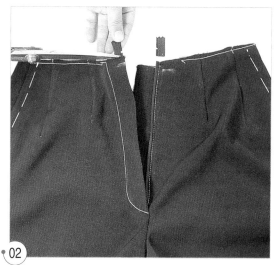

02

지퍼를 내리고 허리선 쪽에 남는 지퍼를 잘라내고 허리선의 시접을 정리한다.

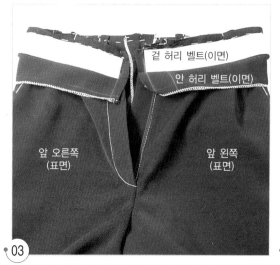

겉 허리 벨트(이면)

안 허리 벨트(이면)

앞 오른쪽
(표면)

앞 왼쪽
(표면)

03

앞 중심, 뒤 중심, 옆선의 표시를 벨트와 맞추어 핀으로 고정시키고 시침질한다.

04

심지 끝에서 0.1cm 시접 쪽을 박는다.

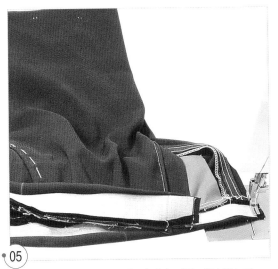

05 앞 중심 쪽 벨트 끝 양옆을 겉끼리 마주 대어 박는다.

감침질

감침질

06 벨트 끝을 겉으로 뒤집어서 안단과 덧단의 위치까지는 안 허리 벨트의 시접을 벨트 쪽으로 넘겨 감침질로 먼저 고정시킨다.

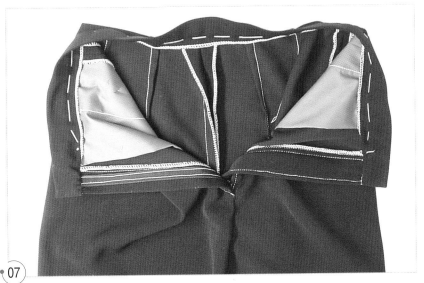

07 벨트 위치가 틀어지지 않도록 양옆선과 뒤 중심의 표시를 맞추어 시침질로 고정시킨다.

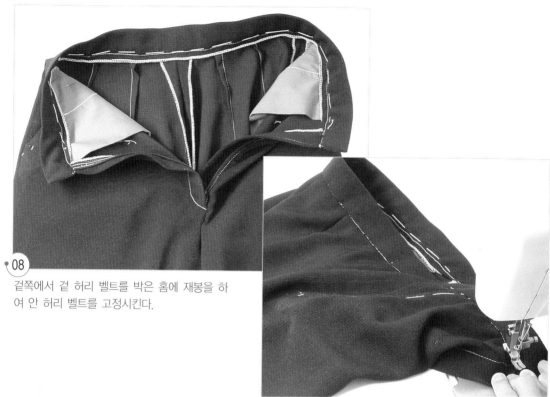

08 겉쪽에서 겉 허리 벨트를 박은 홈에 재봉을 하
여 안 허리 벨트를 고정시킨다.

12. 밑단 선을 처리한다.

오버록 재봉

01 밑단 선에 오버록 재봉을 한다.

02

밑단 시접을 완성선에서 접어 올려 시접 끝 0.7cm에 시침질로 고정시킨다.

03

새발뜨기로 고정시킨다.

13. 훅과 아이를 단다.

0.5cm

01 앞 오른쪽의 허리 벨트 안쪽 끝에서 0.5cm 안쪽에 심지까지 떠서 훅을 달고, 지퍼를 올려 아이 다는 위치를 맞추어 표시하고 0.3cm 정도 옆선 쪽으로 이동한 위치에 심지까지 떠서 아이를 단다.

14. 마무리 다림질을 하여 완성한다.

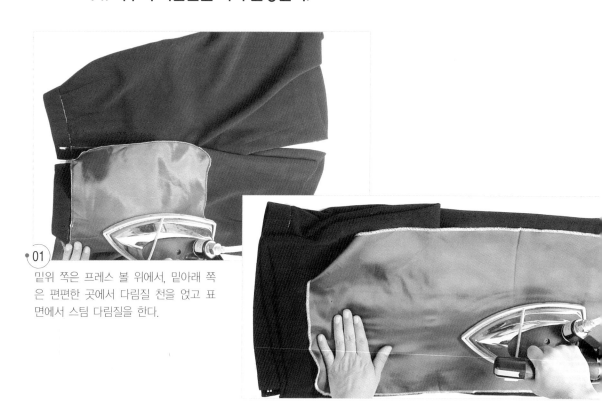

01 밑위 쪽은 프레스 볼 위에서, 밑아래 쪽은 편편한 곳에서 다림질 천을 얹고 표면에서 스팀 다림질을 한다.

힙본 슬림 팬츠 Hipbone Slim Pants...

■ ■ ■ ■ P . A . N . T . S

 ● ● ● 허리선보다 내려온 위치의 골반에 맞게 걸쳐 입는 바지로, 전체적으로 여유량이 적고 단 쪽을 향해 좁아지며, 몸에 딱 달라붙는 스포티한 스타일이다.

 ● ● ● 신체의 움직임이 많은 부분에 착용하는 의복이므로 탄력이 있고 잘 구겨지지 않으며, 신축성이 있는 스트레치 소재가 적합하다.

 ● ● ●
① 여유량이 적기 때문에 일상의 동작에 무리가 없는 최소한의 여유분을 고려해서 만드는 것이 중요하다.
② 주머니 입구가 커브로 되어 있기 때문에 주머니를 만들 때 곡선 부분이 늘어나지 않도록 접착 테이프를 붙이고 박는 것이 중요하다.

제도법 ● ● ●

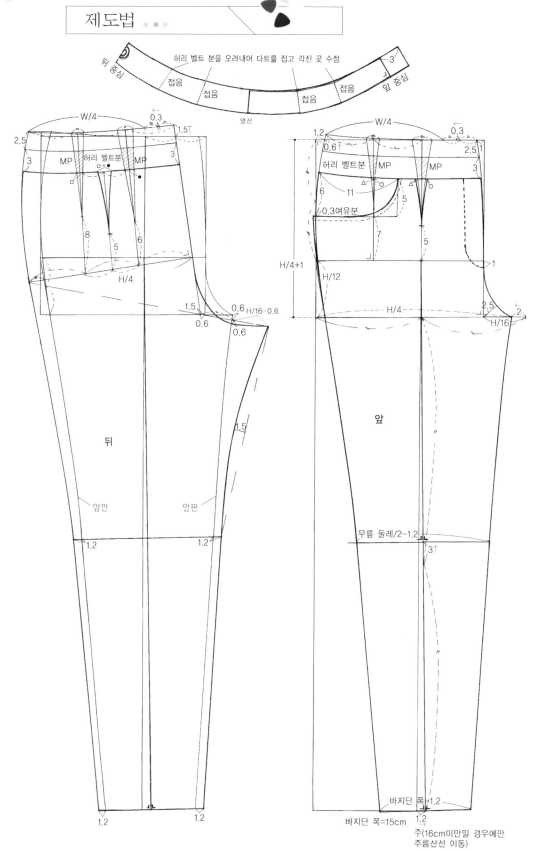

허리 벨트 분을 오려내어 다트를 접고 각진 곳 수정

뒤 중심

접음 접음 접음 접음

앞 중심

3

옆선

뒤

W/4   0.3   1.5↑
2.5
3   MP 허리 벨트분 MP 3
8   5   6
H/4
1.5   0.6 H/16-0.6
0.6   0.6
1.5
앞판   앞판
1.2   1.2
1.2   1.2

앞

1.2   W/4   0.3
0.6   2.5
2.5   1
허리 벨트분 MP MP 3
6   11   5
0.3여유분
7   5
H/4+1   1
H/12
H/4   2.5
H/16   2
무릎 둘레/2-1.2
3↑
바지단 폭-1.2
바지단 폭=15cm   1.2
주(16cm미만일 경우에만
주름산선 이동)

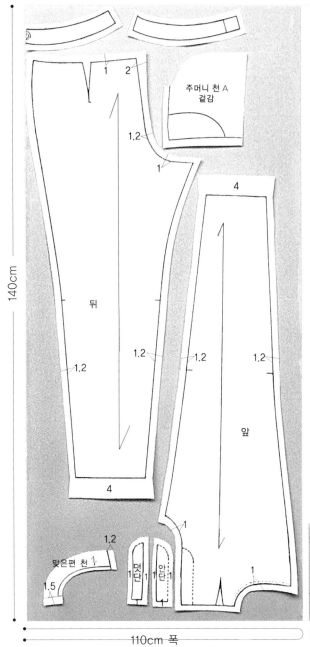

1
2

주머니 천 A
겉감

1.2

1

4

뒤

1.2

1.2

1.2

앞

1.2

1.2

1

1.2

맞은편 천 1

1.5

덧단 1

안단 1

1

4

재료

- 겉감 110cm 폭 150cm
- 주머니 천(안감) 110cm 폭 30cm 정도
- 밴놀 심지 110cm 폭 10cm 정도
- 접착 테이프 1cm 폭 50cm 정도
- 지퍼 15cm 1개
- 훅과 아이 1set

140cm

110cm 폭

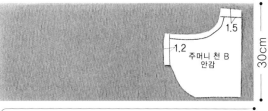

1.5

1.2

주머니 천 B
안감

30cm

110cm 폭

1. 표시를 한다.

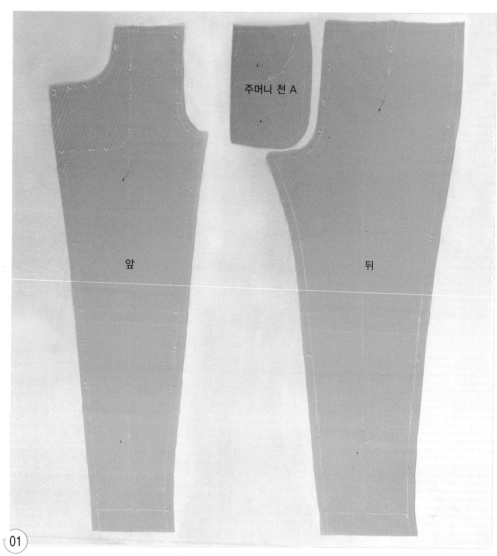

주머니 천 A

앞

뒤

01 앞뒤 판의 완성선과 주머니 천 A의 완성선에 실표뜨기로 표시를 한다.

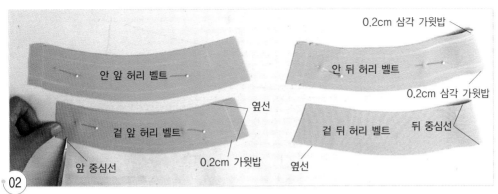

0.2cm 삼각 가윗밥

안 앞 허리 벨트

안 뒤 허리 벨트

0.2cm 삼각 가윗밥

옆선

겉 앞 허리 벨트

겉 뒤 허리 벨트

뒤 중심선

앞 중심선

0.2cm 가윗밥

옆선

02 겉 허리 벨트와 안 허리 벨트의 앞 중심, 뒤 중심, 옆선에 가윗밥을 넣어 표시한다.

2. 허리 벨트의 옆선을 박는다.

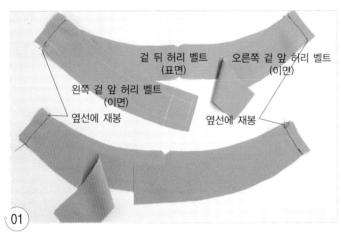

겉 뒤 허리 벨트
(표면)

오른쪽 겉 앞 허리 벨트
(이면)

왼쪽 겉 앞 허리 벨트
(이면)

옆선에 재봉

옆선에 재봉

01 겉 허리 벨트와 안 허리 벨트의 옆선을 겉끼리 마주 대어 박는다.

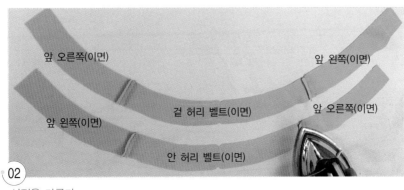

앞 오른쪽(이면)

앞 왼쪽(이면)

겉 허리 벨트(이면)

앞 왼쪽(이면)

앞 오른쪽(이면)

안 허리 벨트(이면)

02 시접을 가른다.

3. 벤놀 심지와 접착 테이프, 접착 심지를 붙인다.

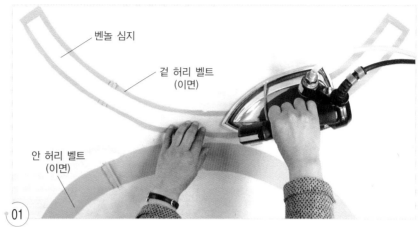

벤놀 심지

겉 허리 벨트
(이면)

안 허리 벨트
(이면)

01 겉 허리 벨트의 이면에 벤놀 심지를 붙인다.

늘림 방지
테이프

벤놀 심지

02 겉 허리 벨트의 허리선 쪽에 1cm 폭의 늘림 방지용 접착 테이프를 붙인다.

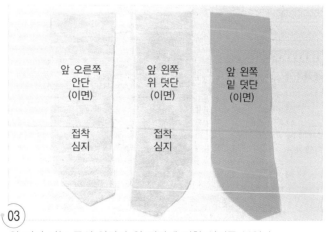

앞 오른쪽
안단
(이면)

앞 왼쪽
위 덧단
(이면)

앞 왼쪽
밑 덧단
(이면)

접착
심지

접착
심지

03 앞 지퍼 다는 곳의 안단과 위 덧단에 접착 심지를 붙인다.

4. 앞판에 주머니 천 B를 만들어 단다.

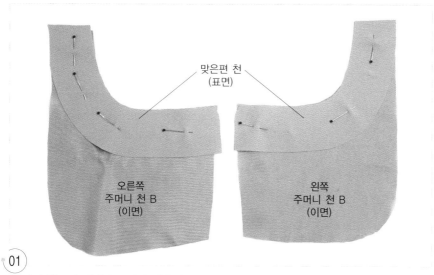

맞은편 천
(표면)

오른쪽
주머니 천 B
(이면)

왼쪽
주머니 천 B
(이면)

01

주머니 천 B의 이면에 주머니 맞은편 천의 이면을 마주 대어 얹고 핀으로 고정시킨다.

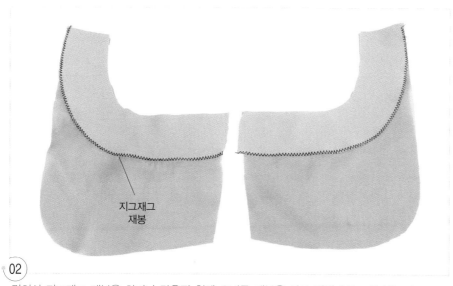

지그재그
재봉

02

겹쳐서 지그재그 재봉을 하거나 맞은편 천에 오버록 재봉을 하고 겹쳐 0.5cm를 박는다.

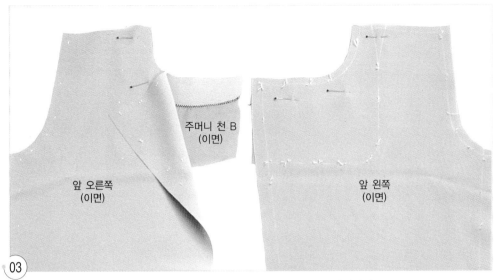

03 02에서 만든 주머니 천 B에 앞판의 표면을 마주 대어 얹고 핀으로 고정시킨다.

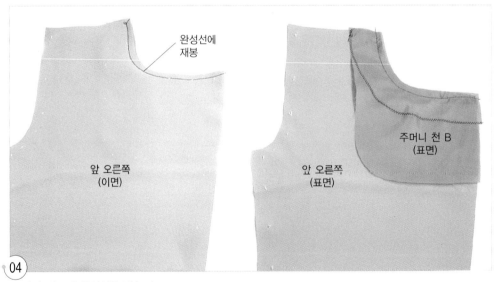

완성선에 재봉

04 주머니 입구의 완성선을 박는다.

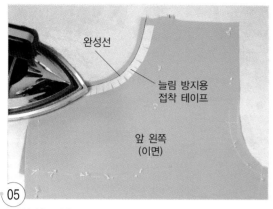

완성선

늘림 방지용
접착 테이프

앞 왼쪽
(이면)

05 가윗밥을 넣은 1cm 폭의 늘림 방지용 접착 테이프를 붙인다.

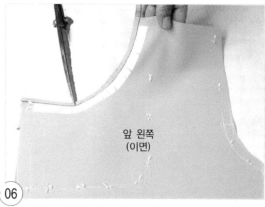

앞 왼쪽
(이면)

06 주머니 입구 시접에 가윗밥을 넣는다.

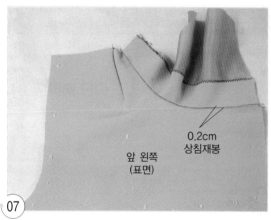

0.2cm
상침재봉

앞 왼쪽
(표면)

07 시접을 주머니 천 쪽으로 넘기고 겉쪽에서 0.2cm에 상침재봉을 한다.

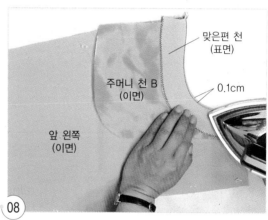

맞은편 천
(표면)

주머니 천 B
(이면)

0.1cm

앞 왼쪽
(이면)

08 주머니 천을 안쪽으로 넘겨 0.1cm 차이나게 다림질한다.

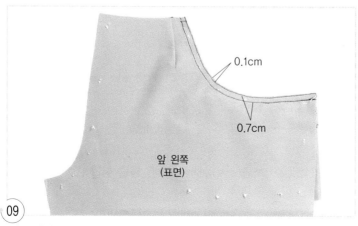

0.1cm

0.7cm

앞 왼쪽
(표면)

09 겉 쪽에서 주머니 입구에 0.1cm와 0.7cm에 스티치한다.

5. 다트를 박는다.

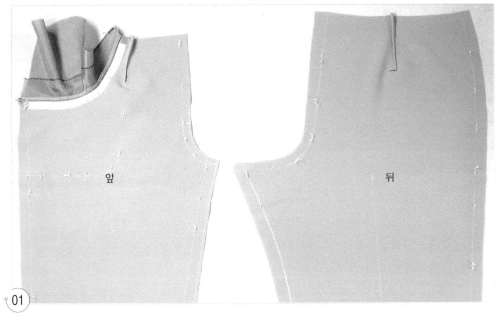

01 앞뒤 다트를 박는다.

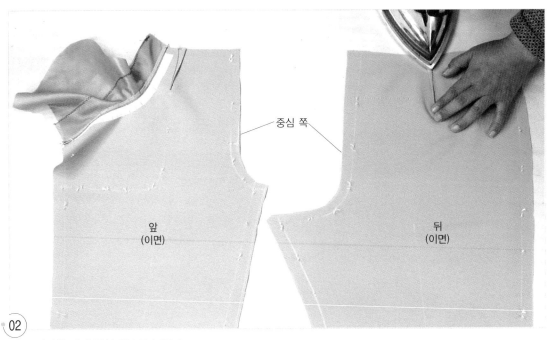

중심 쪽

앞
(이면)

뒤
(이면)

02 다트 시접을 각각 중심 쪽으로 넘긴다.

6. 주머니를 완성한다.

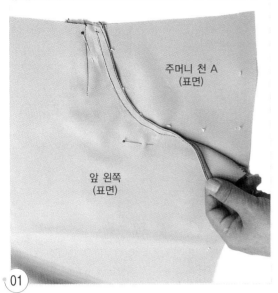

주머니 천 A
(표면)

앞 왼쪽
(표면)

01 주머니 천 A의 표면 위에 몸판의 이면을 마주 대어 표시를 맞추어 얹고 핀으로 고정시킨다.

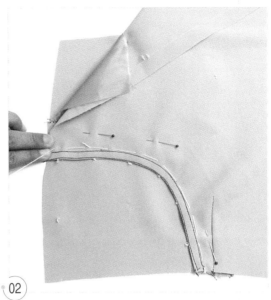

02 주머니 입구를 시침질로 고정시킨다.

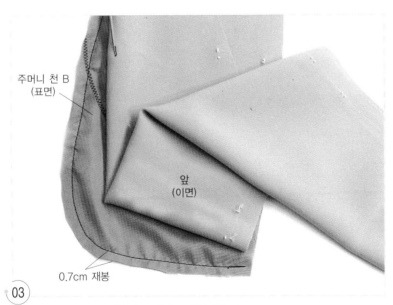

주머니 천 B
(표면)

앞
(이면)

0.7cm 재봉

03 주머니 천 A와 B를 맞추어 주머니 주위를 박는다.

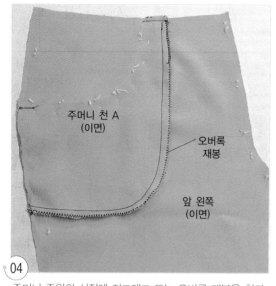

주머니 천 A
(이면)

오버록
재봉

앞 왼쪽
(이면)

주머니 천 A
(표면)

상침재봉

앞 왼쪽
(표면)

04 주머니 주위의 시접에 지그재그 또는 오버록 재봉을 한다.

05 위아래 주머니 입구 시접에 상침재봉으로 고정시킨다.

7. 지그재그 또는 오버록 재봉을 한다.

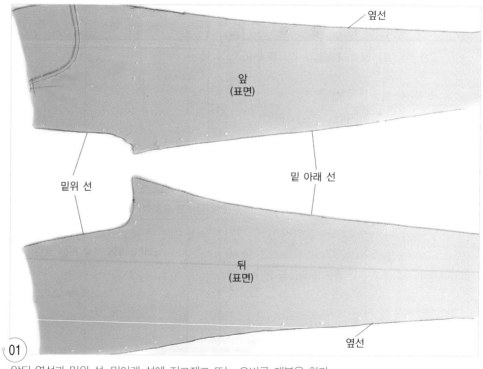

옆선

앞
(표면)

밑위 선

밑 아래 선

뒤
(표면)

옆선

01 앞뒤 옆선과 밑위 선, 밑아래 선에 지그재그 또는 오버록 재봉을 한다.

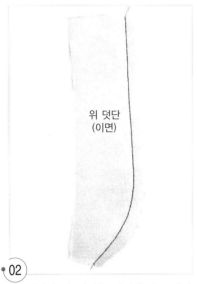

02

위 덧단과 밑 덧단을 겉끼리 마주 대어 완성선을 박는다.

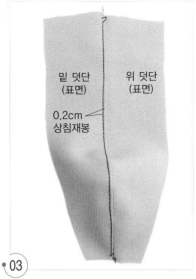

밑 덧단
(표면)

위 덧단
(표면)

0.2cm
상침재봉

위 덧단
(이면)

03

시접을 밑 덧단 쪽으로 넘기고 0.2cm 에 겉쪽에서 상침재봉을 한다.

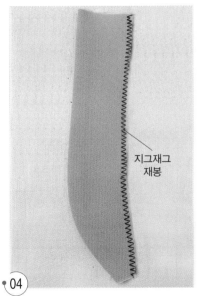

지그재그
재봉

04

겉으로 뒤집어 위 덧단과 밑 덧단의 이 면을 맞대어 두 장 함께 지그재그 또는 오버록 재봉을 한다.

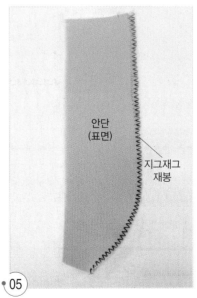

안단
(표면)

지그재그
재봉

05

안단에 지그재그 또는 오버록 재봉을 한다.

8. 옆선과 밑아래 선을 박는다.

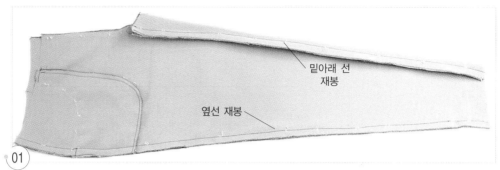

밑아래 선
재봉

옆선 재봉

01 겉끼리 마주 대어 옆선과 밑아래 선의 무릎선 표시부터 맞추어 핀으로 고정시키고 완성선을 박는다.

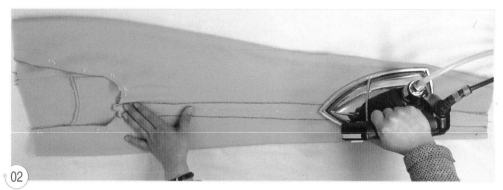

02 밑아래 선의 시접을 가른다.

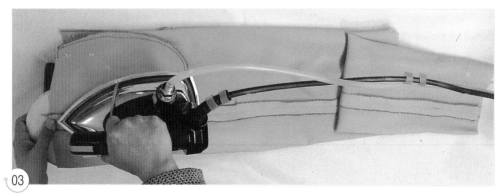

03 옆선의 시접을 가른다(밑위 쪽의 옆선은 프레스 볼에 끼워 가른다).

9. 밑위 선을 박는다.

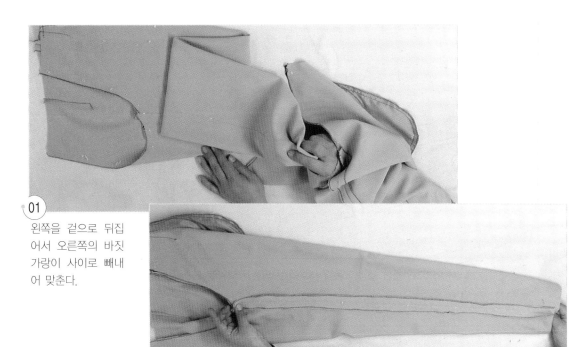

01 왼쪽을 겉으로 뒤집
어서 오른쪽의 바짓
가랑이 사이로 빼내
어 맞춘다.

02 밑위 선의 표시를 맞추고 앞 지퍼 다는 곳에서 뒤
중심 끝까지 박고, 밑둘레 부분은 같은 위치를 두
번 박기 한다.

03

뒤 중심의 시접을 직선 부분까지만 가른다.

10. 지퍼를 단다.

01

앞 오른쪽에 안단을 겉끼리 마주 대어 완성선에서
0.1cm 시접 쪽을 지퍼 달림 끝까지만 박는다.

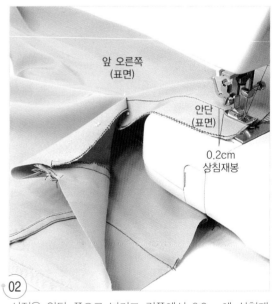

02

시접을 안단 쪽으로 넘기고 겉쪽에서 0.2cm에 상침재
봉을 한다.

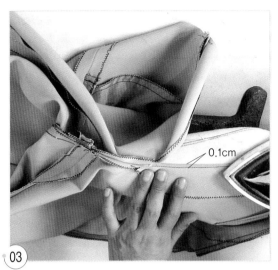

03 안단을 안쪽으로 넘기고 0.1cm 차이나게 다림질한다.

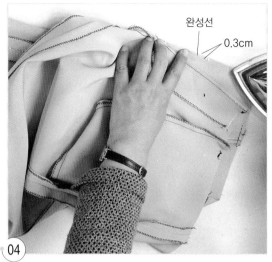

완성선
0.3cm

04 앞 왼쪽의 지퍼 다는 곳의 시접을 완성선에서 0.3cm 내어 접는다.

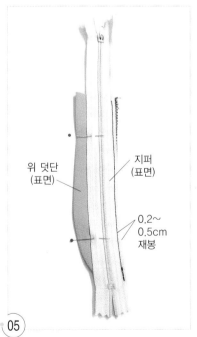

위 덧단
(표면)

지퍼
(표면)

0.2~
0.5cm
재봉

05 위 덧단의 표면에 지퍼의 이면을 마주 대어 얹어 핀으로 고정시키고 덧단과 함께 지퍼 테이프 끝쪽을 박는다.

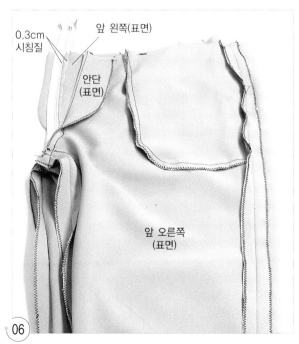

0.3cm
시침질

앞 왼쪽(표면)

안단
(표면)

앞 오른쪽
(표면)

06 앞 왼쪽의 완성선을 덧단과 함께 시침질로 고정시킨다.

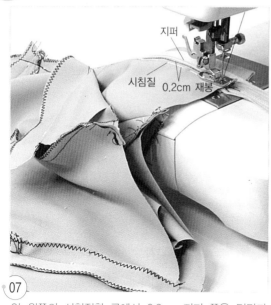

07
앞 왼쪽의 시침질한 곳에서 0.2cm 지퍼 쪽을 덧단과 함께 박는다.

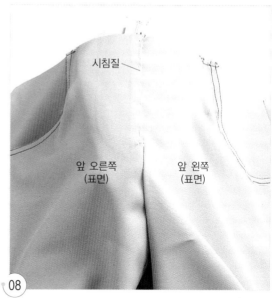

08
앞 왼쪽 완성선에 앞 오른쪽을 겹쳐 얹어 맞추고 시침질로 고정시킨다.

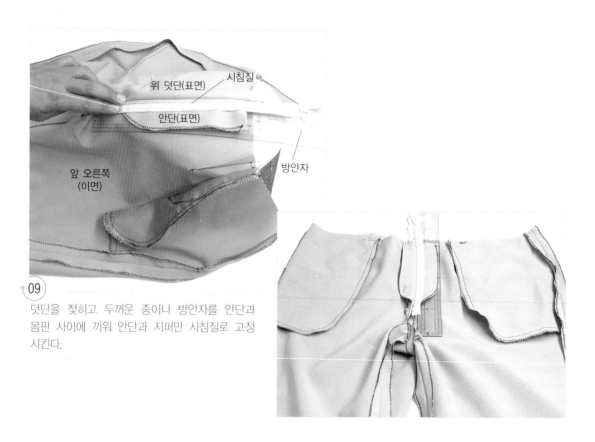

09
덧단을 젖히고 두꺼운 종이나 방안자를 안단과 몸판 사이에 끼워 안단과 지퍼만 시침질로 고정시킨다.

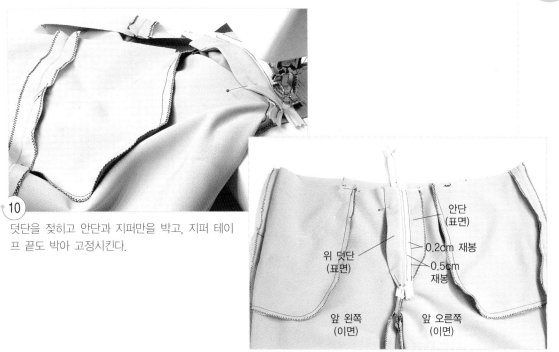

10 덧단을 젖히고 안단과 지퍼만을 박고, 지퍼 테이
프 끝도 박아 고정시킨다.

안단
(표면)

위 덧단
(표면)

0.2cm 재봉

0.5cm
재봉

앞 왼쪽
(이면)

앞 오른쪽
(이면)

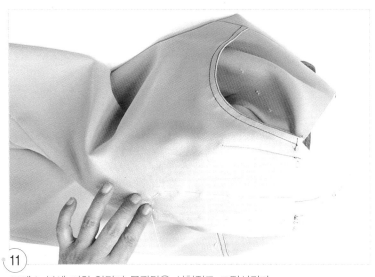

11 프레스 볼에 끼워 안단과 몸판만을 시침질로 고정시킨다.

스티치

12 덧단을 젖히고 샌드페이퍼를 얹어 지퍼 달림 끝
에서부터 허리선 쪽으로 스티치한다.

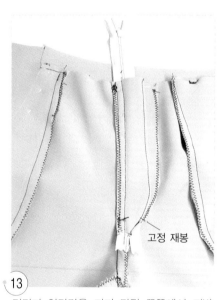

고정 재봉

13 덧단과 안단만을 지퍼 달림 끝쪽에서 되박
음질로 고정시킨다.

11. 허리 벨트를 단다.

01

좌우 앞 중심의 허리선 위치가 틀어지지 않도록 초크로 표시를 한다.

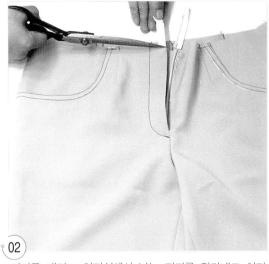

02

지퍼를 내리고 허리선에서 남는 지퍼를 잘라내고 허리선 시접을 정리한다(이때, 지퍼 슬라이드가 위로 빠지지 않도록 주의한다).

허리선

03

겉 허리 벨트의 시접을 심지 끝에서 접는다.

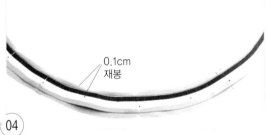

0.1cm
재봉

04

겉 허리 벨트와 안 허리 벨트를 겉끼리 마주 대어 앞 중심 옆선, 뒤 중심의 표시를 맞추어 핀으로 고정시키고 허리선의 완성선에서 0.1cm 시접 쪽을 박는다.

05

허리선 시접을 0.5cm 남기고 잘라낸다.

06

시접을 박은 선에서 두 장 함께 접는다.

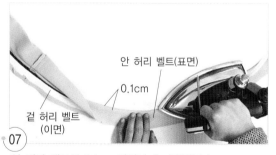

안 허리 벨트(표면)

0.1cm

겉 허리 벨트
(이면)

07

안 허리 벨트를 0.1cm 차이나게 다림질한다.

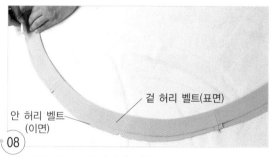

겉 허리 벨트(표면)

안 허리 벨트
(이면)

08

겉 허리 벨트의 완성선에 맞추어 안 허리 벨트에 표시
한다.

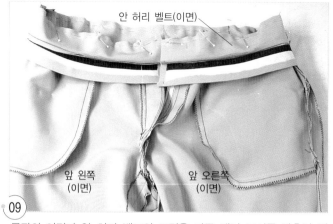

안 허리 벨트(이면)

앞 왼쪽
(이면)

앞 오른쪽
(이면)

09

몸판의 이면과 안 허리 벨트의 표면을 마주 대어 표시를 맞추어 핀
을 꽂고 시침질로 고정시킨다.

10

시침질한 곳에서 0.1cm 시접 쪽을 박는다.

11
겉 허리 벨트와 안 허리 벨트를 겉끼리 마주
대어 벨트 끝 양옆을 박는다.

12
겉으로 뒤집어서 안 허리 벨트의 시접을 벨트 쪽으로
넘겨 시침질로 고정시킨다.

13
겉쪽에서 허리 벨트 주위를 0.2cm 폭으로 스티치한다.

12. 훅과 아이를 단다.

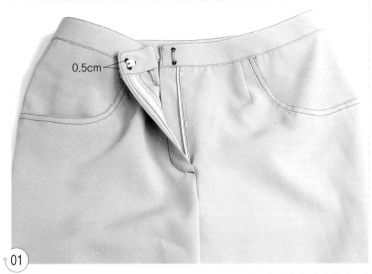

01 오른쪽 안 허리 벨트의 끝에서 0.5cm 들어간 위치에 심지까지 떠서 훅을 달고, 지퍼를 올려 왼쪽 겉 허리 벨트의 아이 다는 위치를 표시한 다음 옆선 쪽으로 0.3cm 이동한 위치에 심지까지 떠서 아이를 단다.

13. 단 처리를 한다.

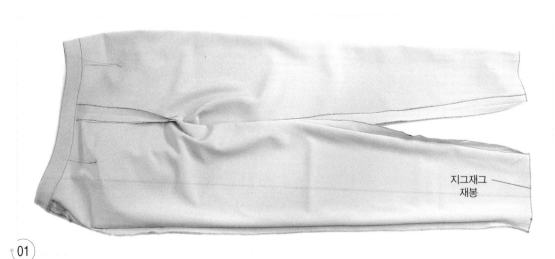

지그재그
재봉

01 바지 단의 시접에 겉쪽에서 지그재그 또는 오버록 재봉을 한다.

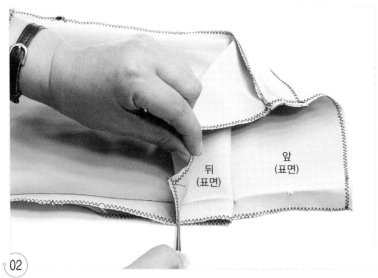

뒤
(표면)

앞
(표면)

02 옆선 밑단 쪽에 시침재봉한 실을 풀어내고 트임 끝 위치에서 겉끼리 마주 대
어 접는다.

재봉 재봉

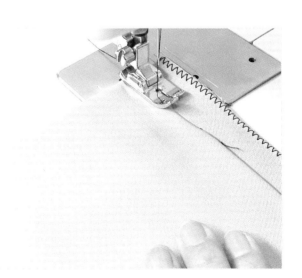

03 양쪽 트임을 단 쪽에서부터 트임 끝까지
박는다.

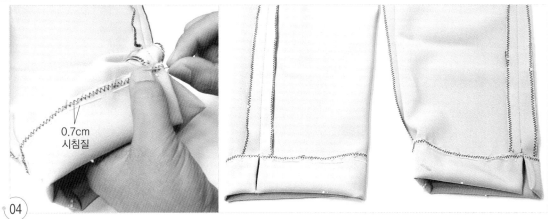

04
완성선에서 접어 올려 0.7cm에 시침질하고 새발뜨기로 고정시킨다.

14. 마무리 다림질을 하여 완성한다.

01
밑위 쪽은 프레스 볼에 끼워서 스팀 다림질한다.

02
밑 아래쪽은 편편한 곳에서 스팀 다림질한다.

와이드 팬츠   Wide Pants...

■ ■ ■   P.A.N.T.S

스타일 ● ● ● 매니시한 느낌의 팬츠도 주름을 잡지 않은 넉넉한 스타일이면 부드러운 느낌을 준다.

소 재 ● ● ● 두꺼운 천은 피하고 얇고 탄력이 있는 울이나, 가볍고 부드러운 폴리에스테르 소재 또는 폴리에스테르와 레이온 혼방 소재가 적합하다.

포인트 ● ● ● 밑위 선을 박을 때 늘어나지 않게 박는 것과 가랑이 밑 시접을 가르지 않는 것이 중요하다.

제도법 ● ● ●

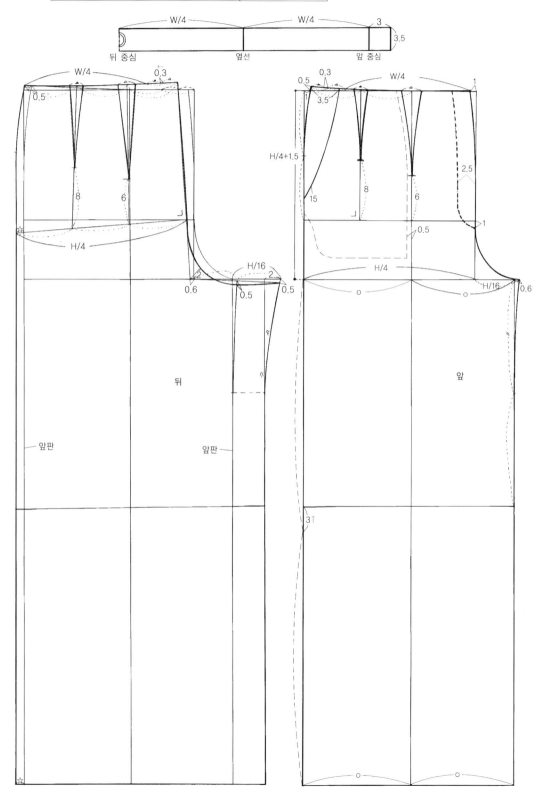

재단법 ● ● ●

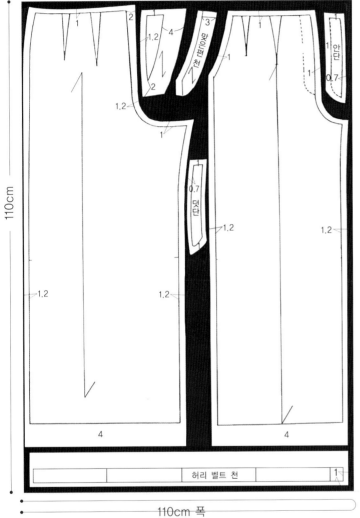

1

2

4

1.2

3

맞은편 천

1

1

안단

0.7

1.2

2

1

0.7 덧단

1.2

1.2

1.2

1.2

1.2

1.2

4

4

허리 벨트 천

1

110cm 폭

주머니 천
T/C

30cm

110cm 폭

1. 표시를 한다.

주머니 입구
옆 천
(표면)

뒤
(표면)

앞
(표면)

01

앞판과 뒤판, 주머니 입구 옆 천에 실표뜨기로 표시를 한다.

2. 접착 테이프와 접착 심지, 벤놀 심지를 붙인다.

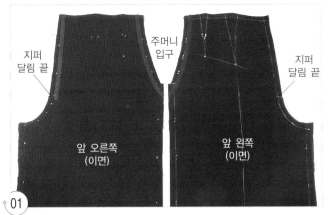

지퍼
달림 끝

주머니
입구

지퍼
달림 끝

앞 오른쪽
(이면)

앞 왼쪽
(이면)

01 좌우 앞판의 주머니 입구와 앞 오른쪽 지퍼 다는 곳에 1cm 폭의 늘림 방지용 세로 접착 테이프를 붙인다.

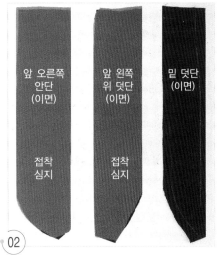

앞 오른쪽
안단
(이면)

접착
심지

앞 왼쪽
위 덧단
(이면)

접착
심지

밑 덧단
(이면)

02 앞 지퍼 다는 곳의 안단과 위 덧단에 접착 심지를 붙인다.

03 허리 벨트 천을 수축 방지를 위해 스팀 다림질하여 구김을 편다.

04 겉 허리 벨트의 이면에 3cm 폭의 벤놀 심지를 붙인다.

3. 허리 벨트를 만든다.

낸 단분 3cm

벨트 폭
3cm

앞 오른쪽   오른쪽   뒤 중심   왼쪽   앞 왼쪽
중심   옆선   옆선   중심

01

앞 중심, 옆선, 뒤 중심에 초크로 표시를 한다.

02

겉 허리 벨트의 시접을 심지 끝에서 접는다.

안 허리 벨트(표면)

겉 허리 벨트(이면)

03

안 허리 벨트를 심지 끝에서 접는다.

겉 허리 벨트(표면)

04

겉 허리 벨트의 표면에 앞 중심, 옆선, 뒤 중심의 표시를 맞추어 초크 표시를 한다.

4. 오버록 재봉을 한다.

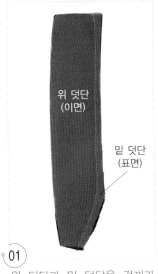

01 위 덧단과 밑 덧단을 겉끼리 마주 대어 박는다.

02 시접을 밑 덧단 쪽으로 넘기고 겉쪽에서 0.2cm 상침재봉을 한다.

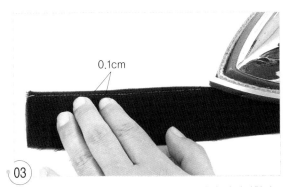

03 겉으로 뒤집어서 밑 덧단을 0.1cm 차이나게 다림질한다.

04 덧단에 오버록 재봉을 한다.

05 안단에 오버록 재봉을 한다.

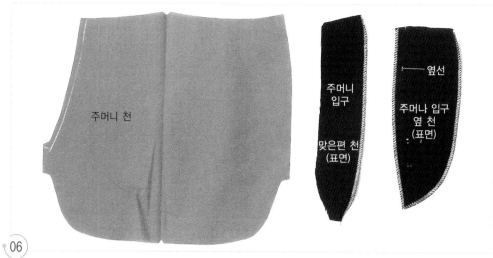

주머니 천

주머니
입구

맞은편 천
(표면)

옆선

주머니 입구
옆 천
(표면)

06 주머니 입구 옆 천과 맞은편 천에 오버록 재봉을 한다.

겉 허리 벨트(이면)

안 허리 벨트(이면)

오버록 재봉

07 안 허리 벨트의 시접에 오버록 재봉을 한다.

08 앞판과 뒤판의 옆선과 밑위, 밑아래 선에 겉쪽에서 오버록 재봉을 한다.

5. 주머니를 만들어 단다.

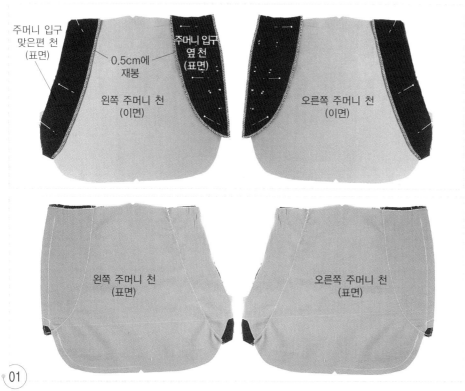

주머니 입구
맞은편 천
(표면)

0.5cm에
재봉

주머니 입구
옆 천
(표면)

왼쪽 주머니 천
(이면)

오른쪽 주머니 천
(이면)

왼쪽 주머니 천
(표면)

오른쪽 주머니 천
(표면)

01 주머니 입구 옆 천과 맞은편 천을 주머니 천의 이면에 얹어 0.5cm에 재봉한다.

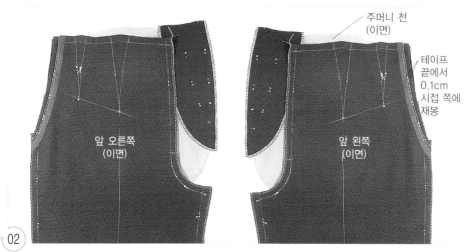

주머니 천
(이면)

테이프
끝에서
0.1cm
시접 쪽에
재봉

앞 오른쪽
(이면)

앞 왼쪽
(이면)

02 01에서 만든 주머니 천에 앞판의 표면을 마주 대어 얹고 주머니 입구의 완성선에서 0.1cm 시접
쪽을 박는다.

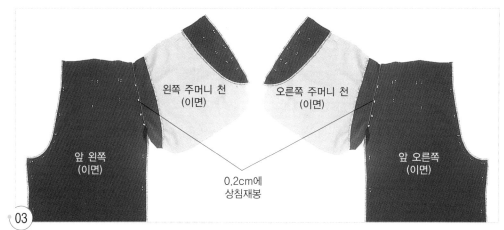

왼쪽 주머니 천
(이면)

오른쪽 주머니 천
(이면)

앞 왼쪽
(이면)

앞 오른쪽
(이면)

0.2cm에
상침재봉

03 시접을 주머니 쪽으로 넘기고 겉쪽에서 0.2cm에 상침재봉을 한다.

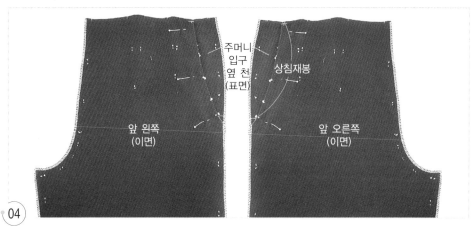

주머니
입구
옆 천
(표면)

상침재봉

앞 왼쪽
(이면)

앞 오른쪽
(이면)

04 주머니 입구 옆 천의 표시를 맞추어 핀으로 고정시키고 주머니 입구 위아래 시접에 상침재봉으로 고정시킨다.

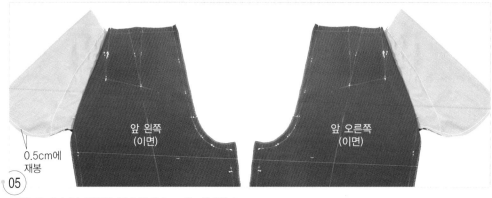

앞 왼쪽
(이면)

앞 오른쪽
(이면)

0.5cm에
재봉

05 좌우 주머니 천 밑쪽을 맞추어 0.5cm에 재봉한다.

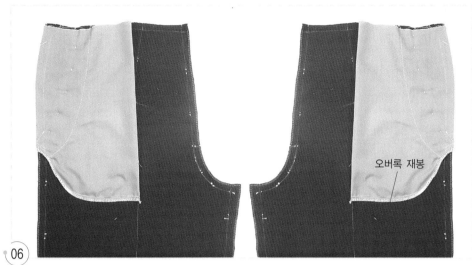

06 좌우 주머니 천 밑쪽을 두 장 함께 오버록 재봉을 한다.

오버록 재봉

6. 다트를 박는다.

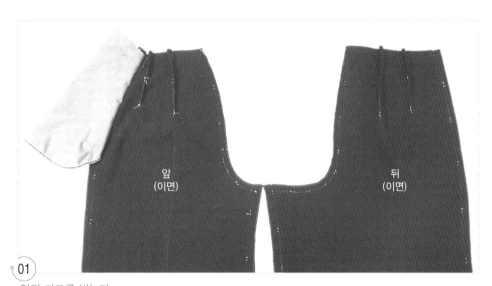

앞
(이면)

뒤
(이면)

01 앞뒤 다트를 박는다.

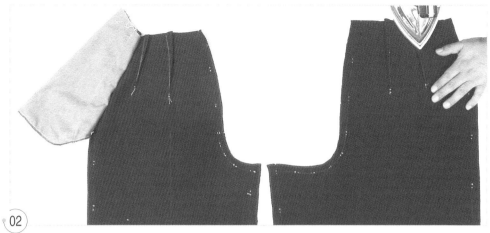

02

앞뒤 다트 시접을 각각 중심 쪽으로 넘긴다.

7. 옆선과 밑아래 선을 박는다.

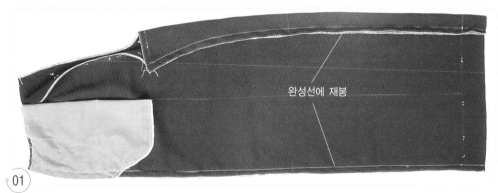

완성선에 재봉

01

옆선과 밑아래 선을 무릎선 위치부터 맞추어 핀으로 고정시키고 박는다.

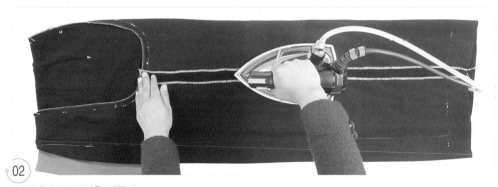

02

밑아래 선의 시접을 가른다.

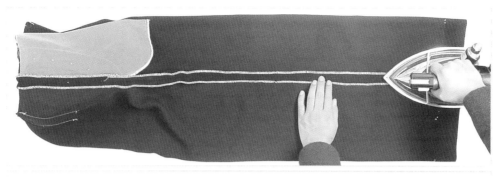

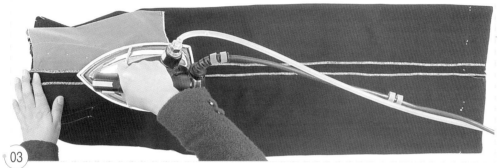

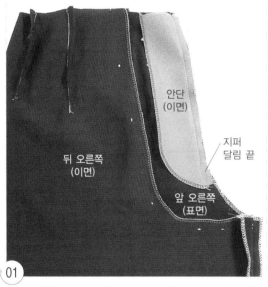

03 옆선의 시접을 가른다(밑위 쪽 부분은 프레스 볼에 끼우고 가른다).

8. 안단을 단다.

안단
(이면)

뒤 오른쪽
(이면)

지퍼
달림 끝

앞 오른쪽
(표면)

0.2cm
상침재봉

01 앞 오른쪽의 지퍼 다는 곳에 안단을 겉끼리 마주 대어 지퍼 달림 끝까지 박는다.

02 시접을 안단 쪽으로 넘기고 겉쪽에서 0.2cm에 상침재봉을 한다.

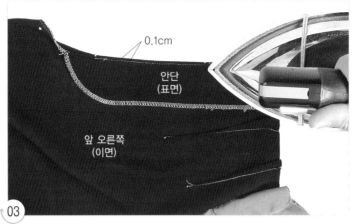

0.1cm

안단
(표면)

앞 오른쪽
(이면)

03 안단을 안쪽으로 넘겨 0.1cm 차이나게 다림질한다.

9. 밑위 선을 박는다.

01 오른쪽 바짓가랑이를 겉으로 뒤집어 왼쪽 바짓가랑이
사이로 빼내고 지퍼 달림 끝에서 뒤 중심까지 표시를
맞추어 핀으로 고정시킨다.

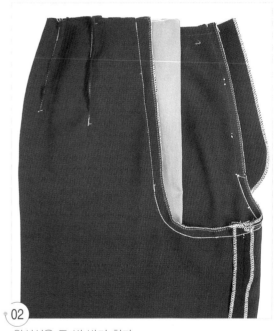

02 완성선을 두 번 박기 한다.

🈷 : 지퍼 달림 끝에서 틀어지지 않도록 지퍼 달림 끝부
터 박기 시작한다.

03 뒤 중심의 시접을 직선 부분까지만 가른다.

10. 지퍼를 단다.

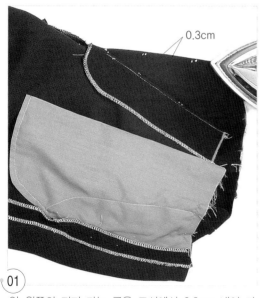

0.3cm

01 앞 왼쪽의 지퍼 다는 곳을 표시에서 0.3cm 내어 다림질한다.

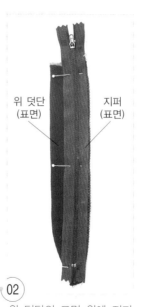

위 덧단
(표면)

지퍼
(표면)

02 위 덧단의 표면 위에 지퍼의 이면을 마주 대어 얹고 핀으로 고정시킨다.

0.5cm
재봉

03 지퍼의 테이프 끝쪽 0.5cm를 박는다.

04 지퍼를 단 덧단 위에 앞 왼쪽의 지퍼 다는 위치를 맞추고 완성선을 시침질로 고정시킨다.

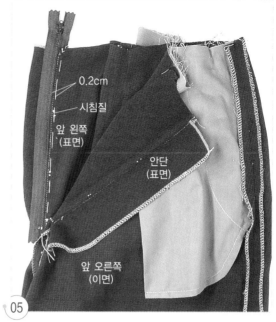

0.2cm

시침질

앞 왼쪽
(표면)

안단
(표면)

앞 오른쪽
(이면)

05 시침질한 곳에서 0.2cm 지퍼 쪽을 박는다.

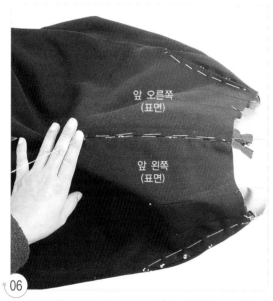

앞 오른쪽
(표면)

앞 왼쪽
(표면)

06 앞 오른쪽을 왼쪽의 완성선에 맞추어 시침질로 고정시킨다.

07 스티치 폭을 맞추어 표시한다.

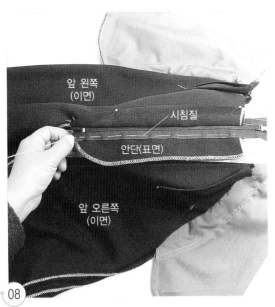

앞 왼쪽
(이면)

시침질

안단(표면)

앞 오른쪽
(이면)

08 덧단을 젖히고 두꺼운 종이나 두꺼운 방안자를 안단 밑
에 끼우고 지퍼와 안단만을 시침질로 고정시킨다.

09 덧단을 젖히고 안단에만 지퍼를 달고 지퍼 테이프 끝
0.1cm에도 재봉을 하여 고정시킨다.

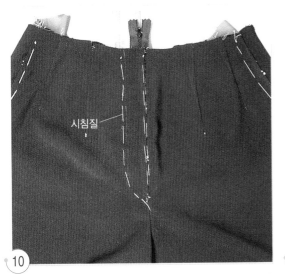

시침질

10 덧단을 젖히고 겉감과 안단이 틀어지지 않도록 시침질
로 고정시킨다.

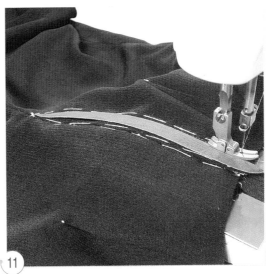

11 위치가 틀어지지 않도록 샌드페이퍼를 대고 왼쪽 덧단
을 피해 지퍼 달림 끝에서부터 허리선 쪽으로 스티치
한다.

11. 허리 벨트를 단다.

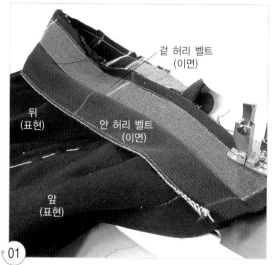

겉 허리 벨트
(이면)

뒤
(표현)

안 허리 벨트
(이면)

앞
(표현)

01

몸판과 겉 허리 벨트를 겉끼리 마주 대어 뒤 중심, 옆
선, 앞 중심의 표시를 맞추고 벤놀 심지 끝에서 0.1cm
시접 쪽을 박는다.

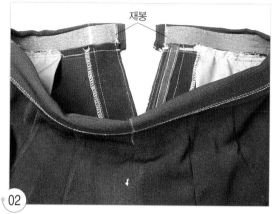

재봉

02

벨트 끝을 겉끼리 마주 대어 양옆을 박는다.

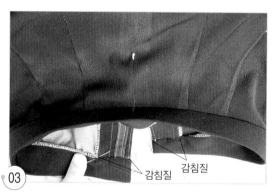

감침질   감침질

03

겉으로 뒤집어서 안단과 덧단 부분까지는 안 허리 벨트
의 시접을 벨트 쪽으로 접어 넣고 감침질한다.

04

옆선과 뒤 중심의 표시를 맞추어 핀으로 고정시키고, 시
침질한다.

겉쪽에서 겉 허리 벨트를 박은 선의 홈에 스티치한다.

12. 훅과 아이를 단다.

오른쪽 안 허리 벨트의 끝에서 0.5cm 들어간 위치에 심지까지 떠서 훅을 달고, 지퍼를 올려 왼쪽 겉 허리 벨트의 아이 다는 위치를 표시하고, 옆선 쪽으로 0.3cm 이동한 위치에서 심지까지 떠서 아이를 단다.

13. 단 처리를 한다.

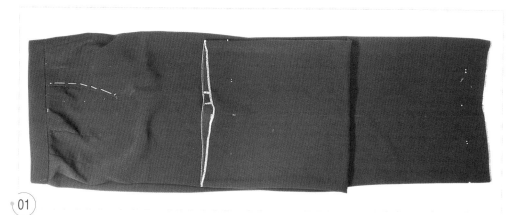

01

밑단의 시접에 겉쪽에서 오버록 재봉을 한다.

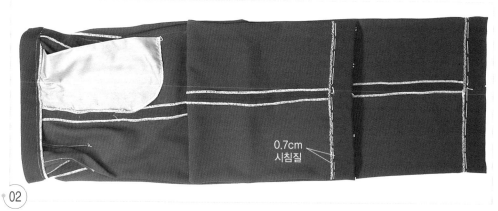

0.7cm
시침질

02

완성선에서 접어 올려 0.7cm에 시침질한다.

03

새발뜨기로 고정시킨다.

14. 마무리 다림질을 하여 완성한다.

01 밑위 쪽 부분은 프레스 볼 위에서 허리선 쪽부터 얇은 다림질 천을 얹고 스팀 다림질을 한다.

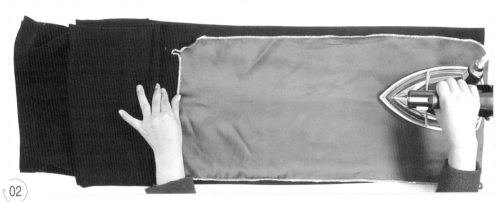

02 밑아래 쪽은 편편한 곳에서 얇은 다림질 천을 얹고 스팀 다림질을 한다.

Lim byung yeul

임 병 렬

- 서울 교남양장점 패션실장 역임(1961), 하이패션 클럽 설립(1963)
- 관인 세기복장학원 설립, 원장 역임(1971~1982)
- 사단법인 한국학원 총연합회 서울복장교육협회 부회장 역임(1974)
- 노동부 양장직종 심사위원 국가기술진정위원(1971~1978)
- 국제기능올림픽 한국위원회 전국경기대회 양장직종 심사장(1982)
- 국제장애인기능올림픽대회 양장직종 국제심사위원(제4회 호주대회)
- 국제장애인기능올림픽대회 한국선수 인솔단(제1회, 제3회)
- (주)쉬크리 패션 생산 상무이사(1989~현재)
- 사단법인 한국의류기술진흥협회 부회장 역임, 현 고문

  - 상훈 : 제2회 국제기능올림픽대회 선수지도공로 부문 보건사회부장관
    상(1985), 석탑산업훈장(1995), 제5회 국제장애인기능올림픽대
    회 종합우승 선수지도 부문 노동부장관상(2000)

Jung hye min

정 혜 민

- 일본 동경 문화여자대학교 가정학부 복장학과 졸업
- 일본 동경 문화여자대학 대학원 가정학연구과(피복학 석사)
- 일본 동경 문화여자대학 대학원 가정학연구과(피복환경학 박사)
- 경북대학교 사범대학 가정교육과 강사
- 안양전문대 의상디자인학과 강사
- 성균관대학교 일반대학원 의상학과 강사
- 동양대학교 패션디자인학과 학과장 겸 조교수
- 현 경북대학교 사범대학 가정교육과 강사

  - 저서 : 「패션디자인과 색채」
    　　　「텍스타일의 기초 지식」
    　　　「봉제기법의 기초 」
    　　　「어린이 옷 만들기」

프로에게 사진으로 쉽게 배우는

팬츠 만들기

임병렬 정혜민 공저

2016년 8월 25일 2판 1쇄 발행

발행처 ＊ 전원문화사

발행인 ＊ 남병덕

등록 ＊ 1999년 11월 16일
　　　　제1999-053호

서울시 강서구 화곡로 43가길 30. 2층
　　　　T.02)6735-2100 F.6735-2103

E-mail ＊ jwonbook@naver.com

ⓒ 2003, 임병렬 정혜민